Transformation und Ambivalenz
Steht die Welt vor dem Kollaps?

Werner Mittelstaedt

Transformation und Ambivalenz
Steht die Welt vor dem Kollaps?

Kurskorrektur oder Klimakatastrophe

Mit einem Vorwort von
Ernst Ulrich von Weizsäcker

Lausanne - Berlin - Bruxelles - Chennai - New York - Oxford

Bibliografische Information der Deutschen Nationalbibliothek.
Die Deutsche Nationalbibliothek verzeichnet diese Publikation in der
Deutschen Nationalbibliografie; detaillierte bibliografische Daten sind im
Internet über http://dnb.d-nb.de abrufbar.

ISBN 978-3-631-88978-7 (Print)
E-ISBN 978-3-631-90579-1 (E-PDF)
E-ISBN 978-3-631-90580-7 (EPUB)
DOI 10.3726/b21039

© 2023 Peter Lang Group AG, Lausanne
Verlegt durch:
Peter Lang GmbH, Berlin, Deutschland

info@peterlang.com - www.peterlang.com

Alle Rechte vorbehalten.

Das Werk einschließlich aller seiner Teile ist urheberrechtlich geschützt. Jede Verwertung außerhalb der engen Grenzen des Urheberrechtsgesetzes ist ohne Zustimmung des Verlages unzulässig und strafbar. Das gilt insbesondere für Vervielfältigungen, Übersetzungen, Mikroverfilmungen und die Einspeicherung und Verarbeitung in elektronischen Systemen.

»Wer sind wir?
Wo kommen wir her?
Wohin gehen wir?
Was erwarten wir?
Was erwartet uns?«

Ernst Bloch[1]

Inhalt

Vorwort von Ernst Ulrich von Weizsäcker	9
Vorbemerkung	13
Transformation und Ambivalenz – Einleitung und erste Feststellungen	15
Wir befinden uns im Teufelskreis der Klimakrise	35
Klimakrise oder schon Klimakatastrophe?	35
Das verbleibende CO_2-Budget	38
Wahrscheinlich steigende anstatt sinkender CO_2-Emissionen	42
Die CO_2-Uhr läuft ab	44
Wir sind Kinder unserer Zeit	49
Sind wir bewusst ambivalent oder können wir nicht anders?	49
Das neue politische Versprechen	62
Die Marginalisierung des Massenaussterbens und ein Signal der Hoffnung	63
Große und kleine »Stellschrauben« für biologische Vielfalt und Klimaschutz	68
Das drohende Wachstumsdilemma	73
Der Krieg Russlands gegen die Ukraine und die Folgen	83
Atomwaffen töten, auch wenn sie nicht eingesetzt werden	83
Auf den Kopf gestellt	91

Die schwierige Neuausrichtung der Energiewende in
Deutschland und fragmentarische Aspekte von
Klimaschutzmaßnahmen in anderen Ländern   99

Acht zukunftsgefährdende Megatrends
und die daraus resultierenden Transformationen   115

Lebensqualität und Lebensstandard   121

   Die allgemeine Lebensqualität droht weltweit zu sinken   121

   Der weltweit ungerecht verteilte Lebensstandard
   und der gewaltige CO_2-Fußabdruck der Reichen   127

   Lebensqualität und Lebensstandard müssen sich am
   Klimaschutz und der nachhaltigen Entwicklung orientieren   132

Wünschenswerte Zukunfts- und Transformationsbilder
in 95 Thesen   137

   Vorbemerkung   137

   Wesentliche nicht nachhaltige Realitäten des Anthropozäns   138

   Zukunfts- und Transformationsbilder für eine gerechte und
   nachhaltige Weltgesellschaft   138

Danksagung   157

Anmerkungen   159

Literaturnachweise   171

Personen- und Sachregister   175

Vorwort von Ernst Ulrich von Weizsäcker

Weiter so bedeutet Kollaps. Das ist die schlimme, aber realitätsnahe Aussage dieses Buches. Die gute Aussage könnte lauten: Die richtige Transformation verhindert den Kollaps.

Aber wie sieht die richtige Transformation aus? Mit 95 Thesen am Schluss bietet der Autor 95 kühne Gegenüberstellungen für die große Transformation. Ein Beispiel ist die Gegenüberstellung des heutigen »Egoistischen Individualismus« mit einem noch zu erfindenden »Kooperativen Individualismus«. Der weltweite egoistische Individualismus führt zum Kollaps, der kooperative Individualismus sucht nach Lösungen, die Vielen oder Allen helfen.

Zweites Beispiel: »Nation« gegen »Erde«. Im Herzen sind wir fast alle Nationalisten. Über Jahrhunderte haben wir gelernt, das eigene Land zu lieben und die Nachbarn zu verachten oder zu erobern. Hunderte von Kriegen waren die Folge. Wir müssen lernen, zu kooperieren, am besten so, dass es dem Planeten Erde nützt.

Gewiss ist das idealistisch formuliert und stark vereinfacht. Aber wenn man alle 95 Vergleiche hinzuzieht, wird es langsam plausibel. Ein drittes Beispiel heißt nämlich »Weit verbreitetes Konkurrenzdenken« gegen »Wahrnehmung von Eigeninteressen in Einklang mit den Gesamtinteressen«. Das übliche pure Konkurrenzdenken lebt ja davon, dass die Konkurrenten die Verlierer sind. Bloß ist die Wahrnehmung von Eigeninteressen im Einklang mit den Gesamtinteressen noch nicht wirklich erfunden.

Die 95 Thesen schockieren. In den letzten Jahrtausenden und Jahrhunderten galten sie auch noch gar nicht. Es gab viel weniger Menschen auf dem Planeten, und deren Überleben war kärglich und schadete der Natur und dem Klima kaum. Aber 8 Milliarden Menschen mit gnadenlosem Egoismus und scharfer

Konkurrenz und permanentem Wachstum ruinieren den Planeten. Wenn wir nicht kräftig umsteuern.

Da kommt das zweite Titelwort zur Ehre: die Ambivalenz. Die Nationen Europas und weltweit lebten ständig mit Widersprüchen, mit Ambivalenz-Konflikten. Aber gerade Europa hat der Welt vor siebzig Jahren vorgeführt, dass Länder, die sich über Jahrhunderte bekriegten, auf einmal die Gemeinsamkeit pflegten und Teile ihrer Autonomie auf die gemeinsame Europäische Gemeinschaft übertrugen. Das nützte den Nationen und der Gemeinschaft.

Die Herausforderung der Klimastabilisierung und des Erhalts der großartigen biologischen Vielfalt ist die heutige Aufgabe. Das Buch buchstabiert uns die Fortschritte des Klimaschutzes, aber auch dessen Hürden und Schwierigkeiten. Es geht schließlich um weltweite Aufgaben und eben nicht nur um Europa. Und der in Jahrhunderten reich gewordene Norden muss dem größtenteils ärmeren Süden helfen, gleichzuziehen, und das ohne großen Schaden für das Klima und die Natur.

Im Kapitel »Wir sind Kinder unserer Zeit« werden Gründe für das ambivalente Verhalten in großen Teilen der Bevölkerungen beschrieben, die sie davon abhalten, mehr für den Klimaschutz zu unternehmen.

Das Kapitel über den kriegerischen Überfall Russlands gegen die Ukraine zeigt, dass und inwiefern das alte nationalistische Denken die Transformation zu einer ökologisch stabilen Welt auf schreckliche Weise torpediert. Aber Lösungen dieser neuen Krise kann man nicht gleich erwarten.

Das Wiedererwachen des militärischen Denkens erweist sich als einer von acht zukunftsgefährdenden Megatrends. Das erfährt man im anschließenden Kapitel. Zu diesen Megatrends gehören natürlich auch der Klimawandel, die massive Ausrottung von Tieren und Pflanzen, der ungebremste Verbrauch von Ressourcen, die weltweite Bodendegradation, sowie das immer noch anhaltende starke Bevölkerungswachstum! Wir müssen –

als Menschheit – mit einem bescheideneren Wohlstand (»Human Development Index«) leben lernen, und wir im Norden müssen Gerechtigkeit gegenüber dem Süden üben und praktizieren. Das Kapitel »Lebensqualität und Lebensstandard« resultiert daher mit der Forderung, dass Lebensqualität und Lebensstandard sich am Klimaschutz und der nachhaltigen Entwicklung orientieren müssen.

»Kurskorrektur oder Klimakatastrophe« ist der aufrüttelnde Untertitel dieses höchst beachtlichen Buches von Werner Mittelstaedt. Für die Kurskorrektur liefert es Aufklärung und vertiefendes Wissen mit Lösungsvorschlägen für mehr Klimaschutz und Nachhaltigkeit.

Emmendingen, April 2023 *Ernst Ulrich von Weizsäcker*

Prof. Dr. Ernst Ulrich von Weizsäcker ist Naturwissenschaftler (Physiker und Biologe). Ehrenpräsident des Club of Rom (eine Zeit lang Co-Vorsitzender); 1972 nahm er einen Ruf der Universität Essen auf einen Lehrstuhl für Biologie an. 1975 bis 1980 war er Präsident der Universität Kassel. 1981 wechselte er als Direktor an das UNO-Zentrum für Wissenschaft und Technologie in New York, 1984 bis 1991 war er Direktor des Instituts für Europäische Umweltpolitik. 1991 bis 2000 war er Präsident des Wuppertal Instituts für Klima, Umwelt, Energie. 1998 bis 2005 war er Mitglied des Deutschen Bundestages. Von Januar 2006 bis Dezember 2008 war er Dekan der Bren School of Environmental Science & Management an der University of California, Santa Barbara. Seitdem ist er freiberuflich in Emmendingen tätig. 2012 übernahm er eine Honorarprofessur an der Universität Freiburg. Er ist Autor zahlreicher wegweisender Bücher.

Vorbemerkung

Nicht realisierte, zu schleppend durchgeführte und bewusst verhinderte Transformationen gegen die zunehmende Erderwärmung und für wirkliche Nachhaltigkeit kennzeichnen in diesem Essay die tiefgreifende Ambivalenz menschlicher Wertorientierungen und Handlungsmuster. Durch sie bleibt es beim Reden und wir kommen nicht zum Handeln. Warum ist das so? Wollen wir diese Ambivalenz durchbrechen und wenn ja, wie? Oder ist die Zukunft Homo sapiens wegen unterlassener Transformationen für Klimaschutz und Nachhaltigkeit in nicht allzu ferner Zukunft gefährdet?

So oder so sind wir durch Transformationen, die wir durchführen oder unterlassen und durch diejenigen, die aus der Klimakrise und weiteren bedrohlichen Entwicklungen resultieren, auf dem Weg in eine andere Zukunft.

Noch haben wir die Wahl, den Transformationsdruck abzumildern, zukünftiges menschliches Leid abzuwenden und wünschenswerte Zukünfte zu gestalten. Allerdings ist das Zeitfenster zum Handeln dabei, sich zu schließen.

Transformation und Ambivalenz –
Einleitung und erste Feststellungen

»*Der Mensch will immer, daß alles anders wird, und gleichzeitig will er, daß alles beim alten bleibt.*«[2]

Paulo Coelho

»*Intelligenz ist die Fähigkeit, sich dem Wandel anzupassen.*«[3]

Stephen W. Hawking

»*Ohne Zweifel ist unsere Spezies wissbegierig und vernunftbegabt und sieht sich auch gerne so. In aller Unbescheidenheit nennen wir uns daher homo sapiens, ›der verstehende Mensch‹. Doch müssten wir uns streng genommen als homo sapiens et ambivalens bezeichnen: ›der wissende und widersprüchliche Mensch‹.*«[4]

Lotte Tobisch

Eine *Transformation* ist ein Veränderungsprozess, der einen aktuellen *Ist-Zustand* zu einem in der näheren Zukunft anzusiedelnden *Ziel-Zustand* verändern soll. Seit einigen Jahren wird der Terminus »Transformation« überwiegend im Kontext der zunehmenden Klimakrise und der ungemein vielfältigen Erfordernisse, die nachhaltige Entwicklung der Weltgesellschaft zu realisieren, verwendet. Deswegen sind unter Transformation (en) die vielen winzig kleinen bis sehr großen Veränderungsschritte auf praktisch allen Ebenen menschlichen Handelns zu verstehen, die im Kampf gegen die steigende Erderwärmung und für eine wirklich nachhaltige Entwicklung erfolgen müssen. Sie sind für die Qualität der Lebens- und Überlebensbedingungen von Menschen, Tieren und Pflanzen unabdingbar. Letztendlich sind sie notwendig, um den Kollaps der Weltgesellschaft zu verhindern. Ihre Realisierung impliziert einen fundamentalen gesellschaftlichen Wandel, der die Lebenswirklichkeiten der Menschen fast überall auf der Erde umgestalten wird. Er wird sich ähnlich drastisch auf die globale Zivilisation auswirken, wie die erste industrielle Revolution in der zweiten Hälfte des 18. Jahrhunderts. Deshalb dürfen die notwendigen Transformationen gegen die Erderwärmung und für wirkliche Nachhaltigkeit zweifellos als Epochenumbruch bewertet werden. Nicht nur Politik, Wirtschaft, Wissenschaft und Technologie müssen sie anstoßen und gestalten, sondern möglichst viele Menschen aus allen gesellschaftlichen Umfeldern.

In diesem Essay wird immer wieder von »wirklicher Nachhaltigkeit« die Rede sein. Hier die Definition: *Wirkliche Nachhaltigkeit* bedeutet, dass Produkte und Dienstleistungen die strengen Kriterien der nachhaltigen Entwicklung erfüllen müssen. Unter nachhaltiger Entwicklung wird ein dauerhafter und zukunftsfähiger Fortschritt verstanden, der die menschlichen Bedürfnisse der Gegenwart befriedigt, ohne die Lebensmöglichkeiten zukünftiger Generationen zu gefährden. Dieser Begriff beinhaltet darüber hinaus, dass eine Entwicklung eingeleitet werden muss, die dazu führt, dass sämtliche Lebensgrundlagen der Weltgesellschaft, also alle regenerierbaren und nicht regenerierbaren Ressourcen, die Biosphäre und die Erdatmosphäre vor übermäßiger Beanspruchung und einer zerstörerischen Entwicklung geschützt werden. Das ist *wirkliche Nachhaltigkeit* bzw. auch das Prinzip der Nachhaltigkeit. Der Begriff der Nachhaltigkeit besagt auch, dass Dauerhaftigkeit, Gleichmaß und Qualität der Naturprodukte angestrebt werden müssen. *Nachhaltig* wird auch als *zukunftsfähig, dauernd erhaltbar* oder *zukünftig existenzfähig* beschrieben. Weltweite Bedeutung erzielte der Begriff Nachhaltigkeit in seiner englischen Fassung »sustainable development« im Jahr 1987 durch die Studie »Our Common Future«. Diese wurde in Deutschland unter dem Titel »Unsere gemeinsame Zukunft – der Brundtland-Bericht der Weltkommission für Umwelt und Entwicklung«[5] bekannt. Sie hatte folgende zentrale Aussage: Eine globale Entwicklung mit qualitativem Wachstum, angemessenem Wohlstand und mehr Verteilungsgerechtigkeit für den armen Süden ist in Verbindung mit der Verwirklichung der notwendigen Ziele für den Umweltschutz im Sinne der Nachhaltigkeit (sustainable development) erreichbar. Fünf Jahre später, im Jahr 1992, wurde dieser Begriff als Handlungskriterium in der Deklaration von Rio auf der Rio-Konferenz (UNCED = United Nations Conference on Environment and Development), dem sogenannten Erdgipfel, für die damals 180 beteiligten Staaten festgeschrieben.

Werden die notwendigen Transformationen gegen die Erderwärmung und für wirkliche Nachhaltigkeit weiterhin so zögerlich wie in den letzten Jahrzehnten realisiert, *auch dann* wird die Zukunft der Weltgesellschaft von gravierenden Transformationen gekennzeichnet sein. Sie resultieren aus der fortgesetzten Zerstörung der Biosphäre und der mittlerweile überall auf der Erde spürbaren Erderwärmung. Diese ist insbesondere durch zunehmende Hitzerekorde, Waldbrände, Dürren, Ausweitung der Wüstengebiete, Erwärmung der Meere, Starkregenereignisse, Überschwemmungen, schmelzende Gletscher, dem Abschmelzen der Polkappen und vielen weiteren klimatisch bedingten Naturveränderungen eine nicht mehr zu leugnende Realität.

Vor einigen Jahren wurde in den Wissenschaften das Konzept der »Großen Transformation« wiederbelebt. Der ungarisch-österreichische Wirtschaftshistoriker und Wirtschafts- und Sozialwissenschaftler Karl Polanyi prägte 1944 diesen Begriff, »als er die industrielle Revolution analysierte und die politische Destabilisierung als eine Folge der zügellosen Verselbstständigung des Marktes sah. Im Gegenzug entwickelte er das Konzept der ›embeddedness‹. Das Konzept der ›embeddedness‹ drückt Polanyis Idee aus, dass die Wirtschaft kein autonomes System sei, sondern dass das Finanzsystem in der Wirtschaft, die Wirtschaft im sozialen System und das soziale System in der natürlichen Umwelt eingebettet sein müsse. Die nächste Große Transformation muss das ›Eingebettet-sein‹ berücksichtigen.«[6] Der Wirtschaftswissenschaftler und Politiker Uwe Schneidewind hat über »Die Große Transformation« geschrieben und führt dazu aus: »Die Große Transformation beschreibt einen massiven ökologischen, technologischen, ökonomischen, institutionellen und kulturellen Umbruchprozess zu Beginn des 21. Jahrhunderts. Dieser Prozess ist keine gesichtslose systemische Dynamik, sondern von Menschen initiiert und geprägt und damit grundsätzlich auch gestaltbar. Den Kompass und die Ansatzpunkte für diese Gestaltung zu verstehen und zu nutzen, bedarf es vieler Akteurinnen und Akteure und einer besonderen (transformativen) ›Literacy‹, d.h. einer Kompetenz, diese Dimensionen in ihrem Zusammenspiel zu verstehen, und der Kunstfertigkeit, dieses Verständnis in Beiträge zu einer Nachhaltigen Entwicklung umzusetzen.«[7]

Ambivalenz bedeutet »Zwiespältigkeit, Spannungszustand, Zerrissenheit [der Gefühle und Bestrebungen].«[8] »Ambivalenz (lateinisch ambo ›beide‹ und valere ›gelten‹) bezeichnet ein Erleben, das wesentlich geprägt ist von einem inneren Konflikt. Dabei bestehen in einer Person sich widersprechende Wünsche, Gefühle und Gedanken gleichzeitig nebeneinander und führen zu inneren Spannungen.«[9] In der Umgangssprache wird das Adjektiv »ambivalent« als zwiespältig, doppeldeutig, doppelgerichtet, mehrdeutig oder in sich widersprüchlich verwendet. Ambivalenz ist dem Menschen innewohnend. Wenn unsere Wertorientierungen und Handlungsmuster von Widersprüchen geprägt werden, dann haben wir meistens Ambivalenzkonflikte. Sie können innere Spannungen erzeugen, weil wir Eindeutigkeit wollen, aber oft Zwiespältigkeit erleben. Deshalb ist Ambivalenz auch eine Zerrissenheit der Gefühle – wir wollen etwas verändern, aber scheuen uns, dafür etwas zu tun oder zu unterlassen. Das ist uns unangenehm. Wir können dadurch ein schlechtes Gewissen bekommen.

Aber nicht nur einzelne Menschen sind von Ambivalenz betroffen, sondern das Handeln ganzer Länder oder Staatengemeinschaften. Länder werden durch Repräsentantinnen und Repräsentanten aus allen möglichen Institutionen politisch, ökonomisch, wissenschaftlich, gesellschaftlich und kulturell vertreten. Deshalb bilden Entscheidungen ganzer Länder und/oder Staatengemeinschaften letztendlich die Willensbekundungen durch Lobbyisten aus allen gesellschaftlichen Bereichen und die der Wählerinnen und Wähler politischer Parteien ab. Sehr deutlich ausgeprägt ist die Ambivalenz in den Entscheidungen ganzer Länder oder Staatengemeinschaften bei den Klimakonferenzen. Schon im Jahr 1979 fand die erste internationale Klimakonferenz in Genf statt. Seit dem Jahr 1995 gab es bislang 27 Vertragsstaatenkonferenzen (Conference of the Parties, COP). Seitdem hat sich die Erderwärmung beschleunigt und die Schäden in der Biosphäre und für Menschen durch die Klimakrise werden Jahr für Jahr immer größer, weil praktisch nichts erreicht wurde. Auch die Zielvereinbarungen im ehrgeizigen Pariser Klimaabkommen, das am 4. November 2016 in Kraft getreten ist, wurden bislang völlig verfehlt. In diesem Klimavertrag haben 196 Staaten am 12. Dezember 2015 in Paris einen völkerrechtlich bindenden Vertrag beschlossen, um den Klimawandel zu bremsen und seine Auswirkungen abzufedern. Das Abkommen soll dafür sorgen, dass die Erderwärmung auf deutlich unter 2,0 Grad Celsius im Vergleich zur vorindustriellen Zeit beschränkt wird. Letztendlich haben sich die 196 Staaten darauf verständigt, möglichst viel Treibhausgasemissionen, also insbesondere CO_2 und Methan zu reduzieren, um die Erderwärmung möglichst auf maximal 1,5 Grad Celsius zu beschränken, damit die negativen Folgen in Grenzen gehalten werden können.

Auf den UN-Klimakonferenzen und von fast allen Ländern werden Jahr für Jahr Initiativen gegen die Erderwärmung angekündigt. Aber immer wieder wird das Handeln gegen die Erderwärmung deutlich abgeschwächt und in die Zukunft geschoben.

So auch wieder auf der 26. UN-Klimakonferenz (COP26) in Glasgow vom Herbst 2021. Die Glasgower UN-Klimakonferenz war wieder einmal eine reine »Ankündigungskonferenz«, auf der abermals die erforderlichen Maßnahmen gegen die Erderwärmung nur angekündigt wurden. Sie waren viel zu unverbindlich und lösten einmal mehr keine wirksamen Sofortmaßnahmen gegen die Erderwärmung aus. »In der Abschlusserklärung wird eine radikale Senkung der CO_2-Emissionen bis 2030 gefordert, klare Festlegungen über die Wege sind allerdings Fehlanzeige. Ein Scheitern wurde in einem dramatischen Schlussplenum […] knapp verhindert, trotzdem erzeugte der Gipfel überwiegend Enttäuschung, vor allem bei Entwicklungsländern und Umweltschützer:innen, aber auch in Industriekreisen. […] Erstmals wird in einem Abschlussdokument eines UN-Klimagipfels ein schrittweiser Abschied von der Kohleverbrennung gefordert. Zudem heißt es darin, ›ineffiziente‹ Subventionen für Kohle, Erdöl und Erdgas Gas sollten gestrichen werden. Die Formulierung war allerdings in letzter Minute auf Druck Chinas und Indiens abgeschwächt worden. Heftige Kritik bei den Entwicklungsländern löste die Weigerung der Industriestaaten aus, konkrete Zusagen für mehr Klimafinanzierung zu machen. So wurde weder ihre Forderung nach einem Fonds für bereits entstandene Schäden durch den Klimawandel (›Loss and Damage‹) noch die nach einem Ausgleich für den Rückstand bei den versprochenen Klimahilfen in Höhe von jährlich 100 Milliarden Dollar (87,4 Milliarden Euro) erfüllt. […] Im Glasgow-Pakt werden die Industriestaaten nun aufgefordert, ihre Finanzhilfen angesichts zunehmender klimabedingter Wetterextreme zu verdoppeln. Die Klima-Expertin von Brot für die Welt, Annika Rach, sagte, der Gipfel habe für die Länder des Südens mit einer ›herben Enttäuschung‹ geendet.«, fassten (auszugsweise) die Journalisten Christian Mihatsch, Jörg Staude und Joachim Wille der »Frankfurter Rundschau« die Ergebnisse der COP26 zusammen.[10] Der renommierte Klimaforscher, Hochschullehrer, Präsident der Deutschen Gesellschaft Club of Rome und Autor des Bestsellers »Heisszeit. Mit Vollgas in die Klimakatastrophe – und wie wir auf die Bremse treten«[11], Mojib Latif, sprach in einem Interview mit Joachim Wille von der »Frankfurter Rundschau« über die Ergebnisse des Glasgower Gipfels und sagte unter anderem: » [...] Ich bin maßlos enttäuscht. Die Welt marschiert nach Glasgow immer noch in die falsche Richtung. Betrachtet man die konkreten Ziele bis 2030, dann steigen die Emissionen bis dahin weiter an. Bei dem derzeitigen Stand der Verhandlungen werden wir die 1,5-Grad Marke um 2040 gerissen haben. [...] Die kurzfristigen wirtschaftlichen Interessen stehen im Vordergrund. Um den Trend zu brechen, braucht es einen fairen Ausgleich zwischen den Industrieländern und den Schwellen- und Entwicklungsländern. Dazu sind die Industrieländer nicht bereit, obwohl sie die Hauptverantwortung für die bisherige globale Erwärmung tragen. [...] Solange die Emissionen ansteigen, verringern wir auch die Möglichkeit, die Zwei-Grad Marke einzuhalten. Wenn es nicht endlich einen radikalen Politikwechsel gibt, sehe ich schwarz. [...] Eigentlich sind selbst die 1,5 Grad nicht tolerabel. Die Auswirkungen der globalen Erwärmung – wir stehen bei 1,1 Grad – sind bereits dramatisch. Wir sollten aber auf jeden Fall deutlich unter zwei Grad bleiben, wie im Pariser Klimaabkommen festgelegt. [...] Ich plädiere schon lange für eine Allianz der Willigen. Europäer und Amerikaner sollten vorangehen und zeigen, dass Wohlstand und Klimaschutz keine Gegensätze sind. Dann könnten sie auch mehr Druck auf China und andere Blockierer ausüben.«[12]

Das ursprüngliche Ziel auf der COP26 war, die 1,5 Grad an zusätzlicher globaler Erderwärmung im Vergleich zur vorindustriellen Zeit durch entsprechende Maßnahmen, insbesondere durch die Länder des globalen Nordens sowie durch China und Indien einzuhalten. Aber das Hinauszögern konkreter Handlungen gegen die steigende Erderwärmung führen bis zum Ende des 21. Jahrhunderts laut dem Emissions Gap Report des Umweltprogramms der Vereinten Nationen[13] zu einer globalen Erderwärmung von 2,7 Grad im Vergleich zur vorindustriellen Zeit. Genau genommen wurden die überwiegend viel zu geringen Maßnahmen zur Reduzierung der Erderwärmung auf den UN-Klimakonferenzen von den einzelnen Ländern größtenteils überhaupt nicht oder wenn, dann größtenteils nur halbherzig umgesetzt.

Auch auf der Klimakonferenz (COP27) im ägyptischen Urlaubsort Scharm el-Scheich vom 6. bis zum 20. November 2022 gab es keine Fortschritte gegen die Erderwärmung bzw. zur Erreichung des im Pariser Klimaabkommen vereinbarten Ziels, die Erderwärmung auf 1,5 Grad Celsius zu begrenzen. Am zweiten Tag der COP27, am 7. November 2022 gab Bundeskanzler Olaf Scholz sein Auftaktstatement. Er betonte, dass der Kampf gegen die Klimakrise »die zentrale Aufgabe unserer Zeit« sei. Das Ziel sei, sich auf ein »robustes Arbeitsprogramm zur Emissionsminderung« zu verständigen. Nur so ließen sich die weltweiten Treibhausgasemissionen bis 2030 nahezu halbieren. Und überhaupt: »Jedes Zehntelgrad Erderwärmung weniger sei wichtig.« Deutschland werde »ohne Wenn und Aber« aus den fossilen Brennstoffen aussteigen, es dürfe keine weltweite Renaissance der fossilen Energien geben, sagte der Bundeskanzler. Das ist völlig richtig. Aber vor dem Hintergrund der weggefallenen Gas-Lieferungen aus Russland treibt er und seine Ampelkoalition den Ausbau der Gas-Infrastruktur in Deutschland und in anderen Ländern, z. B. im Senegal, überwiegend mit LNG, vehement voran. Ähnlich wie Deutschland verhalten sich praktisch alle Länder des globalen Nordens und auch die großen CO_2-Verursacher China und Indien. Es wird nachweislich viel zu wenig dafür unternommen, die Treibhausgasemissionen so zu reduzieren, dass das 1,5 Grad-Ziel noch erreicht werden kann. Deshalb bewegt sich die Welt auf eine Erderwärmung von 2,7 Grad gegenüber dem vorindustriellen Niveau zu.

In der Abschlusserklärung der COP27 gibt es keine Aussagen zum dringend notwendigen Ausstieg aus Kohle, Öl und Gas.

Über das 1,5 Grad-Ziel und den Treibhausgasemissionen drohte die COP27 sogar zu scheitern. Viele Staaten lehnten eine schnellere CO_2-Reduktion ab. Es ist zynisch, dass das Ziel die Erderwärmung auf 1,5 Grad im Vergleich zum vorindustriellen Zeitalter zu begrenzen, nur nach langem Ringen der Teilnehmerstaaten in der Abschlusserklärung der COP27 enthalten ist und deshalb von vielen Ländern als Erfolg gewertet wird.

Der wohl größte Erfolg der COP27 ist der Unterstützungstopf zur Kompensation von klimabedingten Verlusten und Schäden (Loss and Damage), der noch auf der COP26 in Glasgow nicht zustande kam. »Geplant ist nun ab dem Jahr 2023 eine finanzielle ›Unterstützungsstruktur‹ für die verwundbarsten Länder im globalen Süden, die den Klimawandel nicht verursacht haben, aber am meisten unter dessen Folgen leiden. Bei extremen Unwettern, Überflutungen oder anderen Naturkatastrophen, werden den betroffenen Ländern Finanzmittel aus dem gemeinsamen Geldtopf zur Verfügung gestellt. […]«[14] Die Entwicklungs- und Umweltorganisation Germanwatch schreibt in einer Presseerklärung zum Ende der COP27 dazu: » […] ›Die Einigung auf einen Fonds für Schäden und Verluste ist ein wichtiger Durchbruch. Gut ist auch, dass der Internationale Währungsfond aufgefordert worden ist, innovative Instrumente für die Finanzierung dieses Fonds zu entwickeln‹, sagt Christoph Bals. ›Die Bundesregierung hat maßgeblich dazu beigetragen, dass sich die EU und die anderen Industrieländer für einen interessanten Mix von Maßnahmen für die Bewältigung von Schäden und Verlusten erwärmen konnten.‹ Fragen zur Ausgestaltung und zu Finanzierungsquellen sind nun in die Aufbauphase verschoben worden. David Ryfisch, Leiter des Teams Internationale Klimapolitik bei Germanwatch: ›Viele schwierige Fragen wurden ins nächste Jahr verschoben. Es wird eine Art Sparschwein geben – aber wir wissen nicht, wie es aussehen wird, wer es füllt und wer es leeren darf.‹ Besonders komplex wird die Frage, wie die größten CO_2-Emittenten dazu bewegt werden können, einzuzahlen. ›Die EU wollte China und die Golfstaaten zu Beitragszahlern machen – aber sie hatte am Schluss nicht den Mut für die notwendige Konfrontation. Im kommenden Jahr muss sich die EU dafür einsetzen, dass der Fonds auch gefüllt wird. Sie wird gemeinsam mit Anderen (sic) für zusätzliche Finanzierungsquellen kämpfen müssen‹, so Ryfisch weiter. [...]«[15] Wenn wir bedenken, dass die zugesagten finanziellen Unterstützungen für Klimahilfen (Klimaschutz und Anpassung) in Höhe von jährlich 100 Milliarden Dollar bislang nur unzureichend erfüllt wurden, die auf der Pariser Klimakonferenz im Jahr 2015 beschlossen wurden, dann sehe ich dem geplanten Fonds für Schäden und Verluste eher skeptisch entgegen. Dieser müsste meiner Meinung nach für die stark vom Klimawandel betroffenen Länder des globalen Südens mehrere hundert Milliarden Dollar jährlich betragen, weil dort jedes Jahr gigantische Schäden durch die Auswirkungen des Klimawandels entstehen. Zum Vergleich: Im Juli 2021 gab es in Deutschland, insbesondere in den Bundesländern Rheinland-Pfalz und Nordrhein-Westfalen, die größte Überflutungskatastrophe seit der Hamburger Sturmflut aus dem Jahr 1962. Aus einer detaillierten Studie der Prognos AG »Kosten durch Klimawandelfolgen«, die vom Bundesministerium für Wirtschaft und Klimaschutz im Auftrag gegeben wurde, geht Folgendes hervor: »[...] Die im März 2022 vom BMI und BMF (2022) veröffentlichte Schadenssumme von 33,1 Mrd. € umfasst nach vorliegendem Kenntnisstand nur materielle direkte Schäden. Aus nicht veröffentlichten Informationen, die dem Antrag für den Solidaritätsfonds hinterlegen, lassen sich darüber hinaus Einsatzkosten von 0,3 Mrd. € entnehmen. Die vorliegende Untersuchung ermittelt, dass schätzungsweise weitere 7,1 Mrd. € an indirekten Schäden, bspw. durch Verzögerungen oder Ausfälle in der industriellen Produktion, aus dem Extremwetterereignis entstanden. Dies entspricht 21%

der direkten Schadenssumme von 33,4 Mrd. €. Im Ergebnis ergibt sich ein Gesamtschadensausmaß von schätzungsweise 40,5 Mrd. €. [...]«[16]

Das Handeln im Kontext der seit Jahrzehnten nur zögerlich durchgesetzten und völlig unzureichenden Maßnahmen gegen die Erderwärmung und wirklicher Nachhaltigkeit ist hochgradig ambivalent. Diejenigen Entscheidungsträgerinnen und Entscheidungsträger, insbesondere in Politik und Wirtschaft, die die Maßnahmen gegen die Erderwärmung immer wieder hinauszögern oder ganz bewusst viel zu zaghaft umsetzen, wissen aber mehrheitlich den Ernst der Lage richtig einzuschätzen. Das ist ein paradoxes, höchst ambivalentes Verhalten. Dazu werden sie insbesondere durch das von Ambivalenz geprägte Verhalten von Mehrheiten der Menschen in den Ländern des globalen Nordens und in den Schwellenländern regelrecht aufgefordert. Die Macht und der Einfluss großer multinationaler Konzerne, ein weit verbreitetes Besitzstandsdenken, unzählige staatliche Subventionsmodelle, die fossile Energieträger und eine auf zu viel Chemie basierende Superlandwirtschaft massiv fördern sowie eine weit verbreitete »Nach-mir-die-Sintflut-Mentalität« in den Bevölkerungen spielen dabei herausragende Rollen. Diese Ambivalenz wird von ungezählten Menschen, kleinen und mittleren Unternehmen bis hin zu multinationalen Konzernen aufrechterhalten. Insbesondere trifft dies auf Branchen zu, die viele Arbeitsplätze geschaffen haben, Geld verdienen und Gewinne erwirtschaften, weil sie auf Technologien und Geschäftsmodellen basieren, die unmittelbar durch Erdöl, Kohle und Gas betrieben werden oder sehr viel Energie zur Produktion ihrer Erzeugnisse benötigen. Ganz besonders haben Unternehmen oder Konzerne mit Technologien und Geschäftsmodellen, die unmittelbar auf Förderung und Vertrieb fossiler Energieträger basieren, wenig Interesse an Transformationen, die in naher Zukunft ihre Geschäftsmodelle überflüssig machen. Daher hoffen sehr viele Menschen, die sich einerseits große Sorgen um die Zukunft der Weltgesellschaft machen, dass ihre auf nicht mehr zukunftsfähigen Technologien und Geschäftsmodellen basierenden Arbeitsplätze noch möglichst lange erhalten bleiben, andererseits aber trotzdem die Erderwärmung gestoppt wird. Dieses weit verbreitete Sankt-Florian-Prinzip dominiert – es erzeugt bei Menschen, die danach handeln, zwangsläufig auch Ambivalenz.

Insgesamt lösen unsere Lebenswirklichkeiten zwangsläufig ambivalentes Verhalten aus und in ihrer Folge Konflikte und innere Spannungen bei vielen Menschen. Diese Erfahrung machen immer mehr Menschen, ob in ihren Berufen oder Jobs, beim Kauf von Waren aller Art, bei der Wahl ihrer Urlaubsziele, beim Ausüben ihrer Hobbys, in der Führung ihrer Haushalte oder beim Entsorgen ihres täglichen Mülls in den Abfalltonnen, um einige wenige Beispiele zu nennen.

Und ist es nicht auch ein höchst ambivalentes Vorgehen der neuen deutschen Bundesregierung, die sich ernsthaft für Maßnahmen gegen die Klimakrise engagieren muss, sie es aber nicht einmal schafft, ein Tempolimit für deutsche Autobahnen auf 130 km/h einzuführen? Aufgrund der Änderung des deutschen Klimaschutzgesetzes durch den Bundestag am 24. Juni 2021 war die Bundesregierung gezwungen, die Klimaschutzvorgaben zu verschärfen. Treibhausgasneutralität soll bis zum Jahr bis 2045 erreicht werden. Dafür sollen bis zum Jahr 2030 die Treibhausgasemissionen um 65 Prozent gegenüber dem Jahr 1990 sinken.[17]

Ein Tempolimit für deutsche Autobahnen auf 120 km/h würde in Deutschland nach einer Studie des Umweltbundesamtes 6,7 Millionen Tonnen CO_2 einsparen.[18] Würde ein Tempolimit für deutsche Autobahnen auf 100 km/h bestehen, so wäre nach dieser Studie noch viel mehr CO_2 einzusparen.[19]

Eine Reduzierung von 6,7 Millionen Tonnen CO_2 für ein Tempolimit auf deutschen Autobahnen auf 120 km/h wäre zwar ein relativ kleiner Teil von den insgesamt 739 Millionen Tonnen CO_2, die in Deutschland im Jahr 2020 freigesetzt wurden, aber er würde zur Reduzierung von CO_2 und damit im Kampf gegen die Erderwärmung beitragen. Angesichts der seit Jahren sich immer deutlicher zuspitzenden Klimakrise und der Vorgaben durch das deutsche Klimaschutzgesetz müsste ein Tempolimit für deutsche Autobahnen von 100 km/h zwingend eingeführt werden, um deutlich mehr als 6,7 Millionen Tonnen CO_2 einzusparen.

Aufgrund der Klimakrise sowie der Versorgungskrise Europas mit Erdgas, Erdöl und Kohle durch den Angriffskrieg Russlands auf die Ukraine, ist die Nichteinführung eines Tempolimits auf deutschen Autobahnen der deutschen Bundesregierung als ein »Anschlag auf den gesunden Menschenverstand« und als eine »Missachtung der Rechte junger Menschen und künftiger Generationen auf eine lebenswerte Welt« zu werten.

Nebenbei bemerkt ist die Nichteinführung dieses Tempolimits auch ein fatal falsches Signal an andere Länder, die Deutschland zum Vorbild für den klimagerechten Umbau eines Industrielandes nehmen sollen.

Im neuen IPCC-Syntheseberichts vom 20. März 2023 wird die dramatische Situation der Klimakrise mit aktuellsten wissenschaftlichen Erkenntnissen aufgezeigt und die Regierungen werden zum sofortigen Handeln aufgefordert.[20] Der IPCC betont, dass die Weltgemeinschaft nicht weiter im Kampf gegen die Klimakrise zaudern darf und auch kleinste Maßnahmen zum Schutz des Klimas notwendig sind, weil jedes Zehntelgrad weniger Erderwärmung enorm wichtig ist. Auch deshalb ist die Nichteinführung eines Tempolimits auf deutschen Autobahnen wider aller Vernunft und zeigt das höchst ambivalente Verhalten von Politikerinnen und Politikern einmal mehr auf.

Soviel einführend und mit ersten Hintergrundinformationen versehen zu den Termini »Transformation« und »Ambivalenz«.

Die Globalisierung hat ein Stadium erreicht, in der es, um mit der Philosophin Donatella Di Cesare[21] zu sprechen, kein Außen mehr gibt, denn es gibt nichts mehr zu globalisieren. Von marginalen Ausnahmen abgesehen wird die Weltgesellschaft ausschließlich von kapitalistischen Spielregeln unterschiedlichster Provenienz geprägt. So ist es nicht verwunderlich, dass sozioökonomisches Wachstum weltweit oberstes Ziel ist. Es wird durch das Steigerungsdenken[22] angetrieben. Das in unserem Denken und Handeln immanente Steigerungsdenken strebt stets nach dem Größeren, Höheren, Schnelleren, Weiteren und dem Konsumieren und Anhäufen von Waren, Dienstleistungen und Infrastrukturen. Es wurde spätestens im 20. Jahrhundert praktisch ein Teil unserer DNA.

Durch das Konzept des Anthropozäns[23] wurde uns vor Augen geführt, dass der Planet Erde begrenzt und die Zukunft Homo sapiens akut gefährdet ist – es droht der Kollaps der Weltgesellschaft in wenigen Jahrzehnten. Um das zu verhindern, ist es notwendig, dass wirkliche Nachhaltigkeit erreicht wird und die nachhaltige Entwicklung über die siebzehn »Sustainable Development Goals« (SDGs) in sich konsistent gefördert werden.[24] Aber wir werten und handeln höchst ambivalent, was Klimaschutz und Nachhaltigkeit betrifft. Diese Ziele sollen realisiert werden, ohne dass Menschen davon viel merken – fast keiner soll dafür etwas opfern oder seinen Lebensstandard reduzieren. Politische Parteien fördern diese Ambivalenz im Kampf um Wählerinnen und Wähler, insbesondere aus der politischen Mitte. Durch diese Ambivalenz, die sich aus der durchökonomisierten und globalisierten Weltgesellschaft nährt, kann wirkliche Nachhaltigkeit und damit die nachhaltige Entwicklung nicht richtig gelingen.

So fristet wirkliche Nachhaltigkeit ein Schattendasein, obwohl inzwischen jeder Mensch wissen sollte, wie wichtig sie ist. Sie ist (fast) so, wie im Märchen »Des Kaisers neue Kleider« von Hans Christian Andersen.[25] Die Kleider existieren nicht, aber alle wollen sie sehen, bis ein kleines Kind endlich sagt »Aber er hat ja nichts an!« und später das ganze Volk ruft »Aber er hat ja nichts an!«. Der Kaiser wusste, dass er nackt war, aber er und seine Kammerherren taten so, als hätte er Kleider an und machten weiter. Schon seit den frühen 1960er-Jahren, initiiert durch Rachel Carsons Buch »Der stumme Frühling«[26] mahnen erste Umweltaktivistinnen und Umweltaktivisten und etwas später die sich formierende globale Umweltbewegung wirkliche Nachhaltigkeit an.

Spätestens im Jahr 1972 durch die Veröffentlichung von »Die Grenzen des Wachstums. Bericht des Club of Rome zur Lage der Menschheit«[27], die vom Massachusetts Institute of Technology erstellt und von der Volkswagenstiftung finanziert wurde, hätte die Weltgesellschaft ihren Kurs in die Richtung ökologisch verträglicher Gesellschaften ändern müssen. Dabei handelt es sich um die wohl meist gelesene und zitierte Zukunftsstudie aller Zeiten. Die Feststellungen dieser Zukunftsstudie, dass die Weltgesellschaft im 21. Jahrhundert auf nahezu unlösbare ökologische Krisen und einer ernsthaften Verknappung an Ressourcen zusteuert, treffen im Großen und Ganzen für die derzeitigen Entwicklungen zu. Dabei hatte diese Zukunftsstudie den durch uns Menschen verursachten Klimawandel nicht einmal eingearbeitet, weil dafür damals noch nicht genug belastbares Wissen existierte.

Die im August 2018 gegründete globale soziale Bewegung »Fridays for Future« kämpft durch ihre Gründerin Greta Thunberg zum Teil spektakulär für ein ernsthaft praktiziertes Engagement in der Politik und in relevanten Institutionen gegen die Klimakrise. Wir wissen, dass neben »Fridays for Future« unzählige soziale Bewegungen, Nichtregierungsorganisationen und viele wissenschaftliche Institutionen schon seit den 1960er-Jahren für eine zukunftsfähige Welt aktiv sind. Aber kein Volk rief seit den 1960er-Jahren nach richtiger Nachhaltigkeit. Politikerinnen und Politiker sowie Entscheidungsträgerinnen und Entscheidungsträger in Wirtschaft und Gesellschaft tun aber so, als existiere sie bereits und es würden Fortschritte erzielt. So hat auch das Greenwashing von kleinen Firmen bis hin zu multinationalen Konzernen, der Schwindel und die Ökonomisierung mit dem Begriff »Nachhaltigkeit« in den letzten Jahren enorm zugenommen.[28] Wenn wir beim Discounter oder in einer Shoppingmall sind, wird zunehmend mit Produkten geworben, die nachhaltig, CO_2-neutral oder fair produziert sein sollen, aber in Wirklichkeit sind sie es nur in verschwindend wenigen Fällen. Wir lassen uns gerne beschwindeln, denn es beruhigt unser Gewissen. »Die gebürtige Oberösterreicherin Cornelia Diesenreiter ist eine junge Frau, die alles richtig machen will: Aufgewachsen in einer Zeit der nahenden Klimakatastrophe, entscheidet sie sich für eine Ausbildung zur Klimaretterin. Sie studiert Umwelt- und Bioressourcenmanagement in Wien und Design und Innovation for Sustainability in England, lernt dort Zero Waste kennen und gründet 2016 ihr eigenes nachhaltiges Unternehmen ›unverschwendet‹, das überschüssiges Obst, Gemüse und Kräuter in Marmelade, Sirup, Chutneys, Eingelegtes und vieles mehr verwandelt. 2019 wird sie für ihr Start-up zur ›Österreicherin des Jahres‹ gewählt.«[29] In ihrem sehr ehrlich geschriebenen Buch »Nachhaltig. Gibt's nicht!« hat sie den Begriff »Nachhaltig« generell und aus eigenen Erfahrungen gründlich untersucht. Dabei hat sie den Schwindel aufgedeckt, der unter dem mittlerweile inflationär benutzten Begriff »Nachhaltig« existiert. Mit viel Hintergrundwissen schreibt sie beispielsweise über das Greenwashing zahlreicher Unternehmen mit dem Begriff Nachhaltigkeit: »Greenwashing nutzt die guten Intentionen von Menschen schamlos aus, die sich ehrlich für nachhaltigeren Konsum interessieren und bereit sind, dafür mehr Geld auszugeben. Durch das Versprechen nachhaltigeren Konsums wird der Eindruck erweckt, mit einer bestimmten Kaufentscheidung die Welt – ohne jeglichen Verzicht – verbessern zu können. Doch immer wieder werden zahlreiche Unternehmen in medienwirksamen Skandalen entlarvt. So ist es nicht weiter verwunderlich, dass die Worte nachhaltig, natürlich oder *eco-friendly* von vielen nicht mehr ernst genommen werden können

und als reine Geldmacherei abgetan werden. Das eigentliche Konzept der Nachhaltigkeit, wie es vom Club of Rome entwickelt wurde, gilt vielen nur noch als Werbemittel des Kapitalismus ohne jegliche Ernsthaftigkeit. Die Unbestimmtheit oder vielmehr die selbstbestimmten Definitionen von Nachhaltigkeit und das Fehlen eines sanktionierbaren Regelwerks lassen viele in Ungewissheit zurück. [...] In der Industrie will sich auch niemand so recht festlegen und einklagbar sind undefinierte Nachhaltigkeitsversprechen oftmals erst recht nicht. Eine Vielzahl von Skandalen hat schließlich dazu geführt, dass Nachhaltigkeit für viele zu einem leeren Schlagwort wurde – zu einer Verkaufsstrategie, um Produkte teurer vermarkten zu können, eine Imagekampagne, um in der Politik Wählerstimmen zu generieren.«[30]
Der Philosoph Peter Sloterdijk führt über den seit Jahren inflationär benutzten und durch die Ökonomisierung nahezu aller Lebensbereiche missbrauchten Begriff der Nachhaltigkeit folgendes aus: »[...] Der dominierende *modus operandi* ist nach wie vor radikal extraktiv, er weist kaum eine Spur von Sinn für das Nachwachsende auf. Wenn sich inzwischen auch alle Welt mit dem Label ›Nachhaltigkeit‹ dekoriert, handelt es sich zumeist und aufs Ganze gesehen (einzeln lokal überzeugende Projekte ausgenommen) um nicht mehr als einen wenig frommen Selbstbetrug. [...]«[31]

Transformationen sind der Inbegriff der Natur und allen Lebens. Deshalb sind sie älter als die Menschheit. Nie waren Gesellschaften statisch, immer wurden sie durch das Handeln der Menschen an Umwelt und Natur angepasst und verändert. Das macht uns Menschen aus, hat uns überlebensfähig gemacht. »Die Wurzel der Geschichte aber ist der arbeitende, schaffende, die Gegebenheiten umbildende und überholende Mensch«, führte schon Ernst Bloch aus.[32] Heute muss der Transformationsdruck, der aus unzähligen Fehlentwicklungen des Kapitalismus entstanden ist, durch eine Vielzahl von Transformationen auf allen Ebenen menschlichen Handelns reduziert werden und die

Gegebenheiten der Lebenswirklichkeiten müssen angepasst und überholt werden, um heute mit der weisen Stimme Ernst Blochs zu sprechen. Deshalb befinden wir uns inmitten eines neuen Zeitabschnitts in der Geschichte des Homo sapiens. Er ist neu, weil seit der Neolithischen Revolution, also der Zeit, in der Menschen zunehmend sesshaft wurden, kein vergleichbarer Transformationsdruck auf die gesamte Weltbevölkerung existierte. Aus diesem Grund befindet sich das noch junge 21. Jahrhundert ohne Zweifel im Zeitalter der Transformationen. Es sind solche, die weniger ein Agieren auf überraschend auftretende Situationen und Veränderungswünsche darstellen, sondern sich mehr und mehr als ein Reagieren auf große multidimensionale Krisen und Katastrophen herausstellen und zunehmend herausstellen werden. Davon erzeugt die Klimakrise den wohl größten Transformationsdruck. Das ist eine völlig neue Situation! Neu an dieser Situation ist insbesondere, dass sie die ganze Weltgesellschaft betrifft. Es gibt fast kein »Ausweichen« für Menschen und Völker, die ihre durch den Klimawandel unbewohnbar gewordenen Regionen verlassen müssen. Deshalb wird die Migration von Menschen aus den vom Klimawandel betroffenen Gebieten in den nächsten Jahrzehnten deutlich zunehmen. Sie werden überwiegend regional migrieren, aber zunehmend auch aus den Ländern des globalen Südens in die Länder des globalen Nordens.

Wirkliche Nachhaltigkeit wird nur marginal angestrebt. Die wenigen Regionen und Länder, die notwendige Transformationen gegen die Klimakrise und für eine nachhaltige Entwicklung möglichst ernsthaft zu realisieren versuchen, können die globale Weltentwicklung zwar nur minimal beeinflussen, weil der durch Menschen verursachte Klimawandel global wirksam ist und nicht an Ländergrenzen Halt macht, aber sie setzen ganz wichtige Zeichen, liefern Orientierung und können zur Nachahmung beitragen!

Vor diesem Hintergrund wird von den mächtigsten Ländern und Staatengemeinschaften noch immer ein Fortschrittsmuster fortgeschrieben, das die derzeitigen Krisen und Katastrophen herbeigeführt hat und weiterhin verschärfen wird. Werden tiefgreifende Transformationen für den Klimaschutz und wirkliche Nachhaltigkeit nicht zeitnah durchgeführt, dann drohen zwangsläufig schwerwiegende Folgen in allen sozioökonomischen Bereichen und für das gesamte Erdsystem. Solange sich dieser Zustand nicht drastisch ändert, taumelt die Weltgesellschaft de facto in eine Zukunft, in der die Optionen, reale Fortschritte gegen die Klimakrise und für wirkliche Nachhaltigkeit zu erzielen, schwinden.[33]

Die Qualität der Lebens- und Überlebensbedingungen in den Ländern des globalen Südens hängt von ihren eigenen Transformationsleistungen ab, aber wesentlich auch von denen, die in den Ländern des globalen Nordens durchgeführt werden. Der letzte große Bericht an den Club of Rome spricht dies mit seinem Titel deutlich aus: »Wir sind dran! Was wir ändern müssen, wenn wir bleiben wollen.«[34]

Für die Coronavirus-Pandemie, die bislang größte globale Krise des 21. Jahrhunderts, gab es relativ schnelle Lösungen: Impfstoffe und immer bessere Medikamente. Zur Abschwächung der zukunftsgefährdenden Krisen und Fehlentwicklungen gibt es zwar keine schnellen Lösungen, aber es existieren unzählige Konzepte und Lösungen, um wirkliche Nachhaltigkeit zu erzielen und um die Erderwärmung abzuschwächen. Sie müssen aber durch Transformationen die Lebenswirklichkeiten der Menschen erreichen. In der näheren Zukunft kommt es deshalb ganz entscheidend darauf an, wie die notwendigen Transformationen umgesetzt und ob die besten Konzepte und Lösungen die Realität prägen werden.

Wie lassen sich die tiefgreifenden Ambivalenzen im Kontext notwendiger Transformationen für Klimaschutz und Nachhaltigkeit auflösen, damit wir vom Reden zum Handeln kommen? Wie könnte sich das Leben in den nächsten Jahren und Jahrzehnten durch Transformationen verändern? Welche Transformationen sind vorrangig zu leisten? Was sind neben der fortschreitenden Erderwärmung und dem Massenaussterben in der Flora und Fauna die weiteren zukunftsgefährdenden Megatrends? Welche Transformationen lösen sie für Menschen, Umwelt und Natur aus? Wie wirken sich die Folgen des verbrecherischen Angriffskrieges Russlands auf die Ukraine auf den weltweiten Klimaschutz aus?

Diese wenig reflektierten Fragen werden in diesem Essay auf dem Stand des heutigen Wissens behandelt. Dabei wird mit Beispielen aus dem Alltag veranschaulicht, was sich dadurch für Sie persönlich auf den Ebenen Familie, Beruf, Freizeit und weiterer Lebensrealitäten mit hoher Wahrscheinlichkeit verändern wird. Zugleich möchte dieser Essay dazu beitragen, ein vertiefendes Verständnis über die Bedeutung von Ambivalenz im Kontext von Transformationsprozessen zu erzeugen. Er soll aufklären, unbequeme Wahrheiten zu Tage fördern, zum Diskurs anregen und seine Leserinnen und Leser nachdenklich stimmen.

Die letzten Kapitel beinhalten zahlreiche Lösungsvorschläge. Hinzu kommen 95 Zukunfts- und Transformationsbilder mit Wertorientierungen und Handlungsmustern, um die Klimakrise möglichst erfolgreich zu meistern und mehr wirkliche Nachhaltigkeit für das Ziel einer globalen nachhaltigen Entwicklung zu realisieren. Dabei werden auch Visionen vorgestellt, die mit utopischen Zielvorstellungen durchdrungen sind.

Wir befinden uns im Teufelskreis der Klimakrise

»*Für jede Tonne Kohlendioxid, die eine Person irgendwo auf dieser Erde freisetzt, schmelzen drei Quadratmeter arktisches Sommer-Meereis.*«

Der Hamburger Polarforscher Dirk Notz[35]

Klimakrise oder schon Klimakatastrophe?

Angesichts der seit vielen Jahren akut zunehmenden Wald- und Buschbrände, Hitzerekorde, Trockenperioden, Dürren, Starkregenereignisse, Überschwemmungs- und Flutkatastrophen, tropischen Wirbelstürmen, Tornados und vielen weiteren klimatisch bedingten Anomalien überall auf der Erde sowie den daraus resultierenden ernsthaften Folgen für das Leben auf der Erde gegenwärtig und in Zukunft ist es eigentlich eine Verharmlosung, nur von einer *Klimakrise* zu reden. Richtiger wäre es, von einer sich immer weiter ausbreitenden *Klimakatastrophe* zu sprechen.

Auch in Deutschland sind in den letzten Jahren die Folgen der globalen Erderwärmung deutlicher geworden. Immer öfter müssen wir uns vor Unwettern in Acht nehmen oder werden von ihnen überrascht. Smartphones mit Apps für Unwetterwarnungen gehören mittlerweile zum Standard, wenn wir irgendetwas im Freien unternehmen wollen. Immer mehr Menschen machen sich Sorgen, ob durch Unwetterereignisse die Wohnung oder das Haus beschädigt werden könnten und ob dafür nicht doch Elementarschadenversicherungen für den Hausrat und das Gebäude notwendig sind. In den letzten Jahren leiden immer mehr Menschen im Sommer an den Tagen mit großer Hitze. So gab es beispielsweise in den Jahren 2018 und 2019 die trockensten Sommer seit 250 Jahren mit immer neuen Hitzerekorden.[36] Der

Deutsche Wetterdienst berichtet über die Trockenheit in Europa 2022: »Seit dem Frühjahr 2022 gab es über Europa eine ausgedehnte Trockenheit mit zum Teil bedeutenden Auswirkungen auf die Wasserstände und die Landwirtschaft sowie Einschränkungen bei der Wassernutzung. Einige Teile in Europa, darunter Norditalien, waren auch im davorliegenden Winter trocken. Die Trockenheit war verbreitet mit relativ hohen Temperaturen verbunden. In der zentralen Mittelmeerregion war das Frühjahr das vierttrockenste seit 1901, in Deutschland waren fast alle Frühjahre seit 2009 zu trocken. […] Langfristig nehmen je nach Ausmaß der zukünftigen globalen Erwärmung die Niederschläge im Mittelmeerraum ab. Im Sommer besteht für die Zukunft die Gefahr eines verstärkten Ausgreifens der Trockenheit auch auf Mittel- und vor allem Westeuropa.«[37] Durch die Trockenheit gab es noch mehr Waldbrände; es gab Ernteverluste und ein zum Teil dramatisches Absenken des Grundwasserspiegels in vielen Regionen Deutschlands; durch Dürre, Stürme, Waldbrände und Borkenkäferbefall sind die deutschen Wälder enorm geschädigt. »Dem deutschen Wald geht es nicht gut« ist dementsprechend das Fazit des Waldberichts 2021 der deutschen Bundesregierung.[38] Diese Feststellungen treffen überwiegend für alle Wälder auf der Erde zu.

Lange Zeit werden wir die Hochwasser- und Überschwemmungskatastrophe vom Juli 2021 nicht vergessen, als über den Westen Deutschlands ein extremes Starkregengebiet zog. Aus kleinen Bächen und Flüssen wurden binnen weniger Stunden reißende Ströme mit großen Flutwellen. Die Bundesländer Rheinland-Pfalz, Nordrhein-Westfalen sowie Teile der Niederlande und Belgiens waren besonders betroffen. So hat die Flutkatastrophe an der Ahr (Rheinland-Pfalz) in der Nacht vom 14. auf den 15. Juli 2021 134 Menschen das Leben gekostet. Darüber hinaus wurden 766 Menschen verletzt. Unzählige Menschen sind durch diese Ereignisse für lange Zeit traumatisiert. Die gewaltigen Verwüstungen im Ahrtal haben dazu geführt, dass mindestens 17000 Menschen ihr Hab und Gut verloren haben.[39] Alleine im Kreis Ahrweiler entstanden Schäden in Höhe von rund 3,7 Milliarden Euro.[40] Anfang September 2022 habe ich mir, zusammen mit meiner Frau, einige Dörfer im Ahrtal und Bad Neuenahr-Ahrweiler angesehen. In den Dörfern waren nur noch höchstens dreißig Prozent der Häuser und Wohnungen bewohnt. Aber auch diese bewohnten Häuser waren überwiegend noch nicht vollständig saniert. Die Straßen und die sonstige Infrastruktur in den Dörfern selbst und im Umfeld der Dörfer zeigen noch immer deutliche Spuren durch die Verwüstungen der Hochwasserkatastrophe. So sind noch immer einige Brücken und Bahnstrecken zerstört. Der Wiederaufbau im gesamten Ahrtal geht viel zu langsam voran. Ein wichtiger Grund: Die Auszahlung von Geldern und die viel zu komplizierten Anträge verzögern den Wiederaufbau des Ahrtals. Obwohl durch massive Hilfen und Spenden vieler Menschen aus dem gesamten Bundesgebiet und durch die enormen Eigeninitiativen und Anstrengungen der betroffenen Menschen sehr viele Schäden durch die Hochwasserkatastrophe mittlerweile behoben wurden, sind die Schäden im Ahrtal im Allgemeinen und in der historischen Altstadt von Ahrweiler im Besonderen noch immer erschreckend.

Seit dem Jahr 1999 gab es weltweit die 10 wärmsten Jahre seit dem Beginn der Klimadokumentation im Jahr 1880.[41] Seitdem gab es in Deutschland eine Häufung von Hitzeperioden einerseits und schweren Unwetterereignissen mit unterschiedlichsten Ausprägungen andererseits.[42] Spätestens seit dem Jahr 2021 kann niemand mehr glaubwürdig belegen, dass der menschengemachte Klimawandel nicht auch in Deutschland schwerwiegende Folgen hat.

Das verbleibende CO_2-Budget

Der Weltklimarat (Intergovernmental Panel on Climate Change – IPCC)[43] spricht zwar noch nicht von einer Klimakatastrophe, aber er hat in seinem ersten Teil des 6. Sachstandsberichts vom August 2021 ganz deutliche Forderungen an die Politik gestellt. Seine Hauptforderung ist, dass sich die Weltgesellschaft schnell entscheiden muss, drastische Maßnahmen zur Abschwächung der Erderwärmung durchzuführen.

Das IPCC hat Berechnungen für das verbleibende globale CO_2-Budget durchgeführt, um die globale Erderwärmung auf möglichst 1,5 Grad Celsius beziehungsweise auf höchstens 2 Grad Celsius gegenüber dem vorindustriellen Niveau zu begrenzen, wie in den Zielvereinbarungen im Pariser Klimaabkommen im Jahr 2015 vereinbart wurde.[44] Nach diesen Berechnungen, an denen 230 Wissenschaftlerinnen und Wissenschaftler aus 66 Ländern beteiligt waren, dürfen, gerechnet seit Anfang 2020, nur noch ca. 400 Gigatonnen (Gt) an CO_2 in die Erdatmosphäre gelangen, um das 1,5-Grad-Celsius-Ziel nicht zu überschreiten.[45] Um das 2,0-Grad-Celsius-Ziel nicht zu überschreiten, dürfen, ebenfalls gerechnet seit Anfang 2020, nur noch ca. 1150 Gt CO_2 in die Erdatmosphäre gelangen.[46] Sollte die Erderwärmung höher als 1,5 Grad Celsius bzw. 2,0 Grad Celsius ausfallen, dann würde die Weltgesellschaft vor nicht mehr beherrschbaren Folgen der Erderwärmung stehen. Über den aktuellen Zustand des Klimas gibt es u. a. folgende Hauptaussagen im 6. IPCC-Sachstandsbericht: »Es ist eindeutig, dass der Einfluss des Menschen die Atmosphäre, den Ozean und die Landflächen erwärmt hat. Es haben weitverbreitete und schnelle Veränderungen in der Atmosphäre, dem Ozean, der Kryosphäre und der Biosphäre stattgefunden. […] Das Ausmaß der jüngsten Veränderungen im gesamten Klimasystem – und der gegenwärtige Zustand vieler Aspekte des Klimasystems – sind seit vielen Jahrhunderten bis Jahrtausenden beispiellos. […] Der vom Men-

schen verursachte Klimawandel wirkt sich bereits auf viele Wetter- und Klimaextreme in allen Regionen der Welt aus. Seit dem Fünften Sachstandsbericht [...] gibt es stärkere Belege für beobachtete Veränderungen von Extremen wie Hitzewellen, Starkniederschlägen, Dürren und tropischen Wirbelstürmen sowie insbesondere für deren Zuordnung zum Einfluss des Menschen.«[47]
Über die möglichen Klimazukünfte gibt es folgende Aussagen: »Viele Veränderungen im Klimasystem werden in unmittelbarem Zusammenhang mit der zunehmenden globalen Erwärmung größer. Dazu gehören die Zunahme der Häufigkeit und Intensität von Hitzeextremen, marinen Hitzewellen und Starkniederschlägen sowie in einigen Regionen von landwirtschaftlichen und ökologischen Dürren, eine Zunahme des Anteils heftiger tropischer Wirbelstürme sowie Rückgänge des arktischen Meereises, von Schneebedeckung und Permafrost. [...] Die Kohlenstoffsenken in Ozean und Landsystemen werden bei Szenarien mit steigenden CO_2-Emissionen laut Projektionen die Anreicherung von CO_2 in der Atmosphäre weniger wirksam verlangsamen. [...] Viele Veränderungen aufgrund vergangener und künftiger Treibhausgasemissionen sind über Jahrhunderte bis Jahrtausende unumkehrbar, insbesondere Veränderungen des Ozeans, von Eisschilden und des globalen Meeresspiegels.«[48]

Der Bericht zeigt drastisch auf, dass die globalen Treibhausgasemissionen bis zum Jahr 2030 rund um die Hälfte sinken müssen, um das 1,5-Grad-Celsius-Ziel noch zu erreichen. Trotz dieser notwendigen Halbierung der globalen Treibhausgasemissionen müssen durch massive Aufforstungen und anderen Maßnahmen noch jährlich mindestens 10 Milliarden Tonnen an CO_2 zusätzlich aus der Atmosphäre entfernt werden, um letztendlich bis zum Jahr 2050 Klimaneutralität zu erreichen. Zur Erzielung der Klimaneutralität ab dem Jahr 2050 ist es dann unabdingbar, dass jährlich mindestens 10 Milliarden Tonnen an CO_2 zusätzlich aus der Atmosphäre entfernt werden.

Auch der im April 2022 veröffentlichte Beitrag der Arbeitsgruppe III »Minderung des Klimawandels« zum sechsten IPCC-Sachstandsbericht fordert eindringlich zum raschen Handeln gegen die anthropogenen Treibhausgasemissionen auf.[49] Katja Bühler, Biotechnologin, Wissenschaftlerin im Department solare Materialien am Helmholtz-Zentrum für Umweltforschung (UFZ) und Mitglied im Nationalen Wasserstoffrat der Bundesregierung sagt dazu: »Der aktuelle Bericht der IPCC-Arbeitsgruppe III zeigt in erschreckender Weise, dass der anthropogene Ausstoß von klimaschädigenden Treibhausgasen nach wie vor massiv ansteigt und die dringend benötigten politischen Weichenstellungen für den notwendigen Transformationsprozess viel zu schleppend verlaufen. Wir brauchen mutige, weitreichende Maßnahmen, um Technologien zur Produktion von kohlenstoffneutralen/kohlenstofffreien Energieträgern bis zur Marktreife zu entwickeln und flächendeckend zu implementieren. Dabei müssen wir technologieoffen bleiben und dürfen uns auch durch geopolitische Machtverschiebungen nicht aufhalten lassen. Die Zeit für Diskussionen ist vorbei, wir müssen handeln. Jetzt.«[50]

Deutschland will schon im Jahr 2045 klimaneutral werden. Klimaneutralität wird im Artikel 4 des Übereinkommens von Paris (Pariser Klimaabkommen) so definiert: »*Zum Erreichen des [...] langfristigen Temperaturziels sind die Vertragsparteien bestrebt, so bald wie möglich den weltweiten Scheitelpunkt der Emissionen von Treibhausgasen zu erreichen, [...] und danach rasche Reduktionen im Einklang mit den besten verfügbaren wissenschaftlichen Erkenntnissen herbeizuführen, um in der 2. Hälfte dieses Jahrhunderts ein Gleichgewicht zwischen den anthropogenen Emissionen von Treibhausgasen aus Quellen und dem Abbau solcher Gase durch Senken [...] herzustellen.*«[51]

Aber selbst bei der Einhaltung des 1,5-Grad-Celsius-Ziels wird das Wetter, global betrachtet, auch von vielen extremen Ereignissen begleitet werden. Jörg Staude von der Frankfurter

Rundschau schrieb dazu: »[…] Was die Wetterextreme betrifft, macht Otto der Menschheit allerdings wenig Hoffnung. [Anmerkung W.M.: Friederike Otto ist Direktorin des Environmental Change Institute an der Universität Oxford und eine der Leitautorinnen von Kapitel 11 im ersten Teil des 6. Sachstandsberichts des IPCC. Im Kapitel 11 geht es um Wetter- und Klimaextremereignisse in einem sich ändernden Klima.] Auch in einem 1,5-Grad-Szenario – wenn es also gelingt, das strengere Klimaziel des Paris-Abkommens einzuhalten – wird sich ihrer Prognose nach die Wahrscheinlichkeit speziell von Hitzewellen deutlich erhöhen. Auch das Auftreten von verknüpften Extremen werde wahrscheinlicher, wenn es etwa gleichzeitig zu Hitze und Trockenheit kommt.

Die Ursache für die stärkere Zunahme von Extremen liegt für Otto darin, dass die Menschheit immer mehr Treibhausgase emittiert und damit die Erwärmung beschleunigt. ›Wenn die Emissionen zurückgehen, auch das zeigt der Bericht, werden die Veränderungen sich verlangsamen‹, betont sie.

Allerdings werde das nicht von heute auf morgen geschehen. Selbst wenn die Emissionen nun Jahr für Jahr drastisch sinken sollten, werde sich das bei der CO_2-Konzentration in der Atmosphäre erst nach fünf bis zehn Jahren bemerkbar machen, bei der globalen Durchschnittstemperatur sogar erst nach 20 Jahren.

Von den fünf plausiblen Emissionsszenarien, die der Weltklimabericht von der Zukunft zeichnet, bleibt übrigens nur bei zwei Szenarien die Erderwärmung unter zwei Grad. Das 1,5-Grad-Limit kann demnach nur noch eingehalten werden, wenn zur Mitte des Jahrhunderts, also in knapp 30 Jahren, die CO_2-Emissionen weltweit bei null liegen. […]«[52]

Der zweite Teil des 6. Sachstandsberichts des IPCC, der am 28. Februar 2022 veröffentlicht wurde, unterstreicht die Dringlichkeit zu mehr Klimaschutz auf der ganzen Welt drastisch.[53] Die Umwelt- und Entwicklungsorganisation Germanwatch fordert aufgrund des zweiten Teils des 6. Sachstandsberichts des

IPCC rasch konkrete politische Konsequenzen zu ziehen und schrieb u. a.: »Die Klimakrise ist schon heute von zerstörerischem Ausmaß – sie fordert Menschenleben, treibt ökonomische Kosten in die Höhe, verschärft Konflikte und gefährdet Menschenrechte weltweit. Steigende Emissionen werden diese Lage massiv verschärfen. Fast die Hälfte der Weltbevölkerung sieht der IPCC sogar einem hohen Risiko ausgesetzt«, sagt Vera Künzel, Referentin für Anpassung an den Klimawandel und Menschenrechte bei Germanwatch.[54] »Das Problem ist: Die internationale Finanzierung von Anpassung an die Folgen der Klimakrise und der Umgang mit nicht mehr vermeidbaren Schäden und Verlusten stehen in keinem Verhältnis zu dieser drastischen Realität. Das muss sich schnell ändern. Klimawandelgetriebene Extremwetterereignisse haben weltweit bereits große und teils irreversible Schäden verursacht – und zwar in einem Ausmaß, das deutlich über frühere Schätzungen hinausgeht. Auch Deutschland hat diese bittere Realität im vergangenen Jahr unter anderem mit einer Flutkatastrophe erleben müssen, die neben massiven Kosten mehr als 180 Todesopfer forderte. Doch im globalen Süden sind solche Katastrophen noch deutlich häufiger anzutreffen. ›Jene Länder und Menschen, die am wenigsten zur Klimakrise beigetragen haben, leiden existenziell unter ihren Auswirkungen – allen voran auf dem afrikanischen Kontinent, so Künzel.‹ «[55]

Wahrscheinlich steigende anstatt sinkender CO_2-Emissionen

Seit dem Jahr 1970 steigen die globalen CO_2-Emissionen kontinuierlich. Nur im Jahr 2020 gab es einen Rückgang durch die Abnahme weltwirtschaftlicher Aktivitäten aufgrund der vielen Lockdowns wegen der Coronavirus-Pandemie – allgemein bekannt als Corona-Delle.

Trotz der enormen Dringlichkeit, die CO_2-Emissionen global deutlich zu senken, gehen aber viele Prognosen von weiteren jährlichen Zunahmen der CO_2-Emissionen aus. »Laut einer Prognose der IEA [Anmerkung W.M.: Internationale Energie Agentur] wird der globale, energiebedingte Kohlendioxid-Ausstoß im Jahr 2050 bei rund 43,1 Milliarden Tonnen liegen. Gegenüber dem Jahr 2018 würden sich die Emissionen somit um rund 22 Prozent erhöhen.«[56] So wird beispielsweise der weltweite Ausbau regenerativer Energie nach den vielen Lockdowns durch die Corona-Pandemie in den Jahren 2020/2021 viel zu zögerlich realisiert. Die Frankfurter Allgemeine Zeitung berichtete darüber: »Die Hilfspakete und Konjunkturprogramme zur wirtschaftlichen Erholung von der Corona-Pandemie überall auf der Welt fließen nach Angaben der Internationalen Energie Agentur (IEA) nur zum Bruchteil in saubere Energie. Von rund 16 Billionen Dollar (knapp 13,6 Billionen Euro) an staatlichen Hilfsmaßnahmen seien nur 380 Milliarden Dollar für saubere Energie vorgesehen.«[57] Das sind nur 2,375 Prozent! Würde es die Weltgesellschaft mit den Zielen des Pariser Klimaabkommens aus dem Jahr 2015 wirklich ernst nehmen, so wären spätestens seit dem Jahr 2016 weltweit massive CO_2-Reduzierungen vorgenommen worden. Es wären sehr viel größere Summen in Transformationen investiert worden, die zum klimaneutralen Umbau der Gesellschaften und in wirkliche Nachhaltigkeit beigetragen hätten. Tatsächlich gab es aber Steigerungen der Treibhausgasemissionen. Die Realitäten beweisen, dass, global gesehen, kein wirklich ernsthaftes Interesse besteht, die CO_2-Emissionen und andere Treibhausgasemissionen zu senken. Auch in den Ländern, die mehr für die Einhaltung der Ziele des Pariser Klimaabkommens unternehmen, wie Deutschland, wird leider nicht um jedes Zehntelgrad gekämpft, wie es seit Jahren der renommierte Klimaforscher Hans Joachim Schellnhuber fordert. Er hat in seinem Buch »Selbstverbrennung. Die fatale Dreiecksbeziehung zwischen Klima, Mensch und Kohlenstoff«[58] den durch Menschen verursachten Klimawandel behandelt. Unmissverständlich zeigt er auf, dass nach derzeitigem Wissensstand sich die Weltgesellschaft nicht auf die oft genannte Zwei-Grad-Grenze, sondern viel dramatischer auf eine Erwärmung von 3 bis 4 Grad Celsius bis Ende des Jahrhunderts zubewegt. Die fortgesetzte Verbrennung fossiler Energieträger droht zum kollektiven Suizid zu führen. Die meiner Meinung nach wichtigste Botschaft seines Buches ist seine Aussage, »dass es sich um jedes Zehntelgrad zu kämpfen lohne.«[59]

Die CO_2-Uhr läuft ab

Sollte es bis zum Jahr 2030 nicht zu einer Halbierung der globalen Treibhausgasemissionen kommen, dann wäre das 1,5-Grad-Celsius-Ziel völlig unrealistisch und auch das absolute Mindestziel von 2,0-Grad-Celsius an zusätzlicher Erderwärmung wäre dann ebenfalls kaum zu erreichen.

Der renommierte wissenschaftliche Thinktank, das Berliner Mercator Research Institute on Global Commons and Climate Change (MCC) hat auf seiner Website eine »CO_2-Uhr« eingerichtet, die die Zeit zur Einhaltung der 1,5-Grad-Celsius-Grenze bzw. 2,0-Grad-Celsius-Grenze auf folgender Basis berechnet: » [...] Als wissenschaftliche Grundlage für die CO_2-Uhr verwenden wir ausschließlich Daten des Weltklimarats IPCC, die den gesicherten Stand der Forschung darstellen. Der IPCC hat seine Abschätzung des verbleibenden CO_2-Bugets zuletzt im Sommer 2021 aktualisiert, mit der Vorlage des ersten Teils seines Sechsten Sachstandsberichts.

Laut dem Bericht [...] können, gerechnet ab Anfang 2020, noch 400 Gigatonnen (Gt) CO_2 in die Atmosphäre abgegeben werden, um das 1,5-Grad-Ziel nicht zu verfehlen. Der jährliche Ausstoß von CO_2 – durch Verbrennen fossiler Brennstoffe, Industrieprozesse und Landnutzungsänderungen – wird mit 42,2 Gt angesetzt; rechnerisch entspricht dies 1337 Tonnen pro Sekunde. Bei konstanten Emissionen wäre dieses Budget von jetzt ab gerechnet in weniger als acht Jahren aufgebraucht. Das

Budget von 1150 Gt für das Zwei-Grad-Ziel wäre in etwa 25 Jahren erschöpft. Die Budgets sind so kalkuliert, dass damit das jeweilige Temperaturziel mit hoher Wahrscheinlichkeit eingehalten wird, nämlich in zwei Dritteln der untersuchten Klima-Szenarien. Die Uhr tickt also und zeigt, wie wenig Zeit der Politik bleibt, um zu handeln. [...] Die Idee des CO_2-Budgets fußt auf einem nahezu linearen Zusammenhang zwischen den kumulativen Emissionen einerseits und dem Temperaturanstieg andererseits. Aus dem Ablaufen des verfügbaren CO_2-Budgets zur Einhaltung des 1,5-Grad-Ziels lässt sich indes nicht ableiten, dass sich die Erde dann um 1,5 Grad erwärmt hätte. Dies hängt auch damit zusammen, dass die Reaktion der Emissionen auf die Temperatur erst später sichtbar wird als beim reinen Blick auf die Konzentration der Emissionen in der Atmosphäre. Auch wenn die CO_2-Uhr eine präzise Messung der verbleibenden Zeit für aktiven Klimaschutz suggeriert, so bleiben doch viele Unsicherheitsfaktoren bestehen, die sich unter anderem aus unterschiedlichen Definitionen des 1,5°C-Ziels, unterschiedlichen Annahmen über die Klimasensitivität und den Grad der bisherigen Erwärmung sowie der zukünftigen Entwicklung anderer Treibhausgase ergeben. Weiterhin ist der Berechnung bis auf weiteres zugrunde gelegt, dass die jährlichen Emissionen, nach einer Delle im Corona-Jahr 2020, ab 2021 auf dem Niveau von 2019 verbleiben. [...]«[60]

Sollten die Annahmen der CO_2-Uhr zutreffen, so wäre im Herbst 2029 die Zeit zur Einhaltung der 1,5-Grad-Celsius-Grenze abgelaufen.

Am 9. Mai 2022 hat die Weltorganisation für Meteorologie (WMO) ein Update zur Erderwärmung veröffentlicht.[61] Es sagt aus, dass eine 50:50-Chance besteht, dass die globale Jahresdurchschnittstemperatur in mindestens einem der nächsten fünf Jahre, also bis zum Jahr 2026, vorübergehend 1,5 Grad Celsius über dem vorindustriellen Niveau liegt. Gegenwärtig beträgt die Jahresdurchschnittstemperatur 1,1 Grad Celsius über dem vorindustriellen Niveau. Im Update der WMO wird zudem ausgesagt, dass mit einer Wahrscheinlichkeit von 93 Prozent mindestens ein Jahr bis zum Jahr 2026 das wärmste Jahr seit Beginn der Aufzeichnungen im Jahr 1880 sein wird. Bislang war das Jahr 2016 das wärmste Jahr seit Beginn der Aufzeichnungen. WMO-Generalsekretär Prof. Petteri Taalas sagte zum WMO-update: »Diese Studie zeigt mit hoher wissenschaftlicher Kompetenz, dass wir dem unteren Ziel des Pariser Klimaabkommens vorübergehend messbar näherkommen. Die Zahl von 1,5 °C ist keine zufällige Statistik. Sie ist vielmehr ein Indikator für den Punkt, an dem die Klimaauswirkungen für die Menschen und den gesamten Planeten zunehmend schädlich werden. Solange wir weiterhin Treibhausgase ausstoßen, werden die Temperaturen weiter ansteigen. Gleichzeitig werden sich unsere Ozeane weiter erwärmen und versauern, Meereis und Gletscher werden weiter schmelzen, der Meeresspiegel wird weiter steigen und unser Wetter wird extremer werden. Die Erwärmung in der Arktis ist unverhältnismäßig hoch, und was in der Arktis geschieht, betrifft uns alle. [Übersetzung aus dem Englischen durch W.M.]«[62]

Was die globalen Realitäten Tag für Tag beweisen, spricht leider vieles dafür, dass die Weltgesellschaft mit ihren 195 Staaten bis zum Jahr 2030 die von unzähligen Meteorologinnen und Meteorologen, Wissenschaftlerinnen und Wissenschaftlern und dem Weltklimarat (IPCC) dringlichst geforderte notwendige Halbierung der Treibhausgasemissionen *nicht* erreichen wird. Nur ganz wenige Staaten sind dazu politisch und ökonomisch in der Lage. Dazu zähle ich Deutschland, einige westeuropäische und nordische Länder. Aber selbst diese wenigen Länder müssen bei der Umsetzung ihrer Klimaschutzziele zum Teil mit viel Widerstand und Ambivalenz in ihren Bevölkerungen und von Unternehmen und Konzernen, die von fossilen Energieträgern abhängig sind oder diese fördern, rechnen. In Deutschland wird dieser Widerstand sichtbar, wenn wir nur allein an den sehr niedrigen Zuwachs an Windparks in den letzten Jahren und den zu langsamen Stromnetzausbau denken. Aber am deutlichsten sichtbar wird das ambivalente Verhalten gegenüber dem Klimaschutz und für wirkliche Nachhaltigkeit bei großen Teilen der ökonomischen, gesellschaftlichen und politischen Entscheidungsträgerinnen und Entscheidungsträger – nicht nur in den Ländern des globalen Nordens. Es muss seit Jahrzehnten festgestellt werden, dass sich wider besseres Wissen nichts an den Produktions- und Konsumstrukturen ändert, die dazu beitragen, dass unnötige Treibhausgasemissionen entstehen, viele Ökosysteme kollabieren, tropische Regenwälder vernichtet werden, immer mehr Plastikmüll den ganzen Globus mit ernsthaften Folgen für Menschen, Tiere, Pflanzen, Gewässer und Meere belastet, unaufhaltsam Böden durch Chemie und Versiegelung vernichtet werden, das sechste große Massenaussterben in der Geschichte der Evolution ausgelöst wurde, Grundwasser und nahezu alle nicht regenerierbaren Ressourcen für kurzlebigen Massenkonsum verschwendet werden, um nur einige gravierende Fehlentwicklungen anzuführen.

Durch den Krieg Russlands gegen die Ukraine mit seinen vielfältigen hochkomplexen Folgen, insbesondere für die Energieversorgung in Westeuropa, für die Welternährung durch enorm steigende Lebensmittelpreise, von denen ganz besonders Länder in Nord- und Westafrika betroffen sind, werden die dringenden Transformationen für die nachhaltige Entwicklung und die Anstrengungen zur Dekarbonisierung auf allen Ebenen der Gesellschaften vernachlässigt. Dieser Krieg beansprucht auch die Bevölkerungen in den Ländern des globalen Nordens, die stark mit zusätzlicher Inflation und höheren Ausgaben für die Verteidigungsetats belastet werden. Durch die Aufrüstung der deutschen Bundeswehr mit zusätzlichen 100 Milliarden Euro sind letztendlich auch die deutschen Klimaschutz- und damit die CO_2-Einsparziele betroffen, weil dadurch personelle und materielle Ressourcen für das Militär anstatt in Aktivitäten gegen die

Klimakrise gebunden werden. Außerdem fehlt letztendlich Geld im Kampf gegen die Klimakrise. Weltweit ist der Anstieg der Militärausgaben erschreckend. Die weltweiten Militärausgaben stiegen im Jahr 2022 real um 3,7 Prozent und erreichten damit einen neuen Höchststand von 2.240 Milliarden US-Dollar. Die Militärausgaben in Europa verzeichneten im Jahresvergleich den stärksten Anstieg seit mindestens 30 Jahren. Auf die drei größten Geldgeber im Jahr 2022 – die Vereinigten Staaten, China und Russland – entfielen 56 Prozent der weltweiten Gesamtausgaben. Dies geht aus neuen Daten zu den weltweiten Militärausgaben hervor, die vom Stockholm International Peace Research Institute (SIPRI) am 24. April 2023 veröffentlicht wurden.[63] Seit dem Jahr 2005 sind die weltweiten Militärausgaben von 1.443 Milliarden US-Dollar kontinuierlich auf den neuen Rekordwert von 2.240 Milliarden US-Dollar gestiegen.[64] Nur ein Bruchteil dieser Ausgaben werden den sogenannten Entwicklungsländern für Klimaschutzmaßnahmen zur Verfügung gestellt (siehe dazu auch die Seite 20).

Noch immer wird das Verhalten großer Teile der Bevölkerungen, ihrer Politikerinnen und Politiker und der Managements von kleinen Unternehmen bis hin zu großen Konzernen von anderen Werten als dem Kampf gegen die Klimakrise und für wirkliche Nachhaltigkeit bestimmt. Wir sind letztendlich Kinder unserer Zeit.

Wir sind Kinder unserer Zeit

»Das Gespenst des postfaktischen Zeitalters ist ein vorgezogener Totentanz, die Ahnung, dass unsere derzeitige sozioökonomische globale Ordnung nicht nachhaltig ist. Das Spiel ist noch nicht verloren: Seit wir Dank der Fortschritte der Wissenschaft wissen, dass der Mensch als Gattungswesen ein selbstgesetztes Ende eingeleitet hat, kommt alles darauf an, Nachhaltigkeit auf die richtige Weise an die Spitze unserer Präferenzstruktur zu setzen. Diese Struktur kann nur dann erfolgreich implementiert werden, wenn wir den Tatsachen ins Gesicht sehen, wozu gehört, ihre Bandbreite zu berücksichtigen, was ohne geisteswissenschaftliche Forschung – und damit ohne Einsicht in die Wirklichkeit des Geistes – nicht möglich ist.«[65]

Markus Gabriel

»Hat Andreas Reckwitz recht, wenn er sagt, dass ›Aufstiegs- und Fortschritts- und das Immer-mehr-Versprechen‹ erscheint immer weniger realistisch? ›Die Vorstellung, dass Fortschritt immer nur Gewinne bedeutet, hat sich diskreditiert. Es wird nicht mehr darum gehen, in der Zukunft das Beste zu erreichen, sondern das Schlimmste zu verhüten.‹ Ich neige zu dieser Ansicht.«[66]

Gerhard Baum

Sind wir bewusst ambivalent oder können wir nicht anders?

Wir wissen, dass wir relativ schnell Transformationen für mehr Klimaschutz und *wirkliche* Nachhaltigkeit realisieren müssen. Auch wissen wir, dass wir im Anthropozän in einem sehr engen Netz multidimensionaler lokaler und globaler Abhängigkeiten leben. Dabei sind die Produktions- und Dienstleistungsstrukturen nachweislich überwiegend nicht nachhaltig. Der größte Teil des Energieverbrauchs für die Weltwirtschaft basiert auf fossilen Energieträgern, die zum menschengemachten Klimawandel führten, wodurch die Zukunft der Weltgesellschaft ernsthaft bedroht ist. Zugleich wissen wir, dass wir in den Ländern des globalen Nordens auf stetiges Wirtschaftswachstum als Formel zur Maximierung menschlichen Glücks sozialisiert worden sind. Durch die Globalisierung förderten und fördern die Länder des globalen Nordens dieses Fortschrittsversprechen als nahezu alternativloses Fortschrittsmuster[67] »bis in die letzten Winkel« unseres Planeten – wohl wissend, dass es zur Zerstörung der Lebensgrundlagen auf der Erde beiträgt. Sie förderten und fördern es insbesondere, weil sie dadurch mehr ökonomisches Wachstum generierten und generieren als ohne globale Märkte. Dabei wird, was besonders für global agierende Konzerne zutrifft, nach der Maxime gehandelt, wachsen zu müssen, koste, was es wolle.

Was den Erhalt der Lebensgrundlagen der Erde durch auf Nachhaltigkeit abzielende Transformationen betrifft, so sind viele Menschen, insbesondere in den gesamten Mittelschichten in den Ländern des globalen Nordens, ambivalent eingestellt. Das trifft zunehmend auch für die Menschen in den wachsenden Mittelschichten in den Ländern des globalen Südens zu. Warum? Weil seit der Jahrtausendwende pro Jahr mehr ökonomisches Wachstum weltweit produziert wurde, als jemals zuvor seit dem Beginn der industriellen Revolution.[68] Auch die sogenannte Corona-Delle des Jahres 2020, in dem das globale Wirtschaftswachstum merklich schrumpfte, hat an dieser Tatsache nichts verändert. Durch das enorme Wirtschaftswachstum im noch jungen 21. Jahrhundert wurde das gesamte Erdsystem stärker als jemals zuvor im Anthropozän belastet. Dieses starke ökonomische Wachstum wurde nicht nur durch die Länder des Nordens, sondern in hohem Maße auch durch Länder Asiens und Südamerikas erzeugt. Zwangsläufig stiegen dadurch dort viele hundert Millionen Menschen in die globalen Mittelschichten auf. In den nächsten Jahrzehnten werden nach unterschiedlichen Einschätzungen mehr als eine Milliarde Menschen in die globale

Mittelschicht aufsteigen.[69] Der größte Teil davon in den bevölkerungsreichen Ländern China und Indien. In praktisch allen Schwellen- und auch in den sogenannten Entwicklungsländern haben sich die westlichen, überwiegend nicht nachhaltigen, Konsummuster und Lebensstile in den Mittelschichten etabliert.

Die Menschen in den Mittelschichten auf der ganzen Welt möchten mehrheitlich einerseits, dass möglichst viel gegen die Klimakrise und das Massenaussterben in der Flora und Fauna, also für den Erhalt und möglichst auch für die Verbesserung der Biodiversität sowie viel mehr für wirkliche Nachhaltigkeit unternommen werden muss. Andererseits sind sie aber nicht wirklich bereit, die damit zusammenhängenden Eigenleistungen und Eigenverantwortlichkeiten zu übernehmen. Das ist ambivalent, denn normalerweise engagieren sich Menschen mit eigenen Handlungen, wenn sie etwas für richtig halten und durchsetzen wollen. Es reicht nicht aus, wenn Menschen sich für mehr Klimaschutz und wirkliche Nachhaltigkeit aussprechen wollen, aber nur einen Bruchteil ihrer eigenen Handlungen danach ausrichten oder auch vielfach nicht ausrichten können. Letzteres, weil es für die meisten Menschen nahezu unmöglich ist, sich wirklich nachhaltig zu verhalten. An den Schaltstellen des neoliberalen Kapitalismus, also in den großen global agierenden Konzernen bis hin zu den kleinen und mittleren Unternehmen (KMU) haben die Entscheidungsträgerinnen und Entscheidungsträger überwiegend nicht nachhaltige Produktionen und Konsummuster aufgebaut. Die überwiegende Mehrheit der Entscheidungsträgerinnen und Entscheidungsträger sind angesichts der ökologischen Notwendigkeiten viel zu zaghaft dabei, ihre nicht nachhaltigen Produktionen und über aufwendige Marketingstrategien erzeugten verschwenderischen Konsummuster den Kriterien wirklicher Nachhaltigkeit anzupassen. Dieses gilt für fast alle Produktionsbereiche, ganz besonders für die Land- und Forstwirtschaft, für die Chemie-, Bau-, Automobil-, Elektronik- und Bekleidungsindustrie, aber auch für viele Dienstleistungsbereiche, speziell in der Informations- und Kommunikationstechnologie. [Als Konsummuster wird die »Art und Weise, in der Verbraucher Produkte erwerben, verwenden, konsumieren und aussortieren bzw. wegwerfen und die diesbezüglich entwickelten Gewohnheiten«[70] definiert.] Ohne dieses Thema weiter zu vertiefen, muss an dieser Stelle angemerkt werden, dass die dominierenden Konsummuster zu einem großen Teil auf künstlich erzeugte Bedürfnisse basieren, die den Konsumentinnen und Konsumenten über zum Teil omnipräsente Werbekampagnen geradezu »eingeredet« werden. Der österreichisch-US-amerikanische Autor, Philosoph und Theologe Ivan Illich schrieb darüber kritisch: » […] Denn nur bis zu einem gewissen Punkt können Waren das ersetzen, was die Menschen von sich aus tun und schaffen. Über diesen Punkt hinaus dient die weitere Produktion den Interessen der Produzenten und Experten – die dem Konsumenten das Bedürfnis eingeredet haben – und läßt den Konsumenten berauscht und beschwindelt, wenn auch reicher zurück. Ob Bedürfnisse wirklich befriedigt, nicht nur abgespeist werden, bemißt sich an dem Vergnügen, das mit der Erinnerung an persönliches, autonomes Handeln verbunden ist. Es gibt Grenzen, über die hinaus die Waren nicht vermehrt werden können, ohne daß sie den Konsumenten zu dieser Selbstbestätigung im autonomen Handeln unfähig machten.«[71]

Die zum Teil beachtlichen Fortschritte in den letzten Jahrzehnten, die überwiegend durch wissenschaftlich-technische Innovationen erzielt wurden, um den Naturverbrauch[72] von zahlreichen Produkten zu reduzieren, wurden größtenteils durch sogenannte Rebound-Effekte zunichte gemacht. »Der Rebound-Effekt besagt, dass Einsparungen, die zum Beispiel durch effizientere Technologien entstehen, durch vermehrte Nutzung und Konsum stets überkompensiert werden. So ist durch effizientere Ressourcennutzung bisher noch selten eine Umweltentlastung entstanden. Vielmehr wurden durch die effektivere Nutzung Produkte und Serviceleistungen erst zu günstigen Preisen möglich, was die Konsumspirale weiter beschleunigt hat. Jede neue Technik hat also letztlich nicht weniger, sondern mehr Ressourcen in noch kürzerer Zeit umgesetzt und eine Überkompensation des Einspareffektes bewirkt.«[73] Das Umweltbundesamt führt zum Rebound-Effekt u. a. aus: » [...] Ein einfaches Beispiel: Wenn Pkw durch Effizienzsteigerungen günstiger werden, dann fällt beim nächsten Kauf die Entscheidung eventuell zugunsten des größeren Modells aus. Ein sparsamer Pkw verursacht geringere Treibstoffkosten pro gefahrenem Kilometer. Das wirkt sich zumeist auf das Fahrverhalten aus: Wege werden häufiger mit dem Pkw zurückgelegt, längere Strecken gefahren und öffentliche Verkehrsmittel oder das Fahrrad dafür weniger genutzt. So kommt es, dass die technisch möglichen Effizienzgewinne in der Praxis häufig nicht erreicht werden, weil das Produkt häufiger oder intensiver genutzt wird. Neben der unmittelbaren Veränderung bei der Nutzung des betreffenden Produkts (direkter Rebound) sind weitere umweltrelevante Änderungen des Nachfrageverhaltens möglich. In dem Beispiel bedeutet das, dass das beim Pkw eingesparte Geld zum Beispiel für Flugreisen ausgegeben werden könnte (indirekter Rebound) und auf diese Weise ein Teil der Energieeinsparung kompensiert wird. [...]«[74] Cornelia Diesenreiter schreibt über den schlimmsten Fall des Rebound-Effektes, dem sogenannten »Backfire«: » [...] Das wichtigste Beispiel für den Backfire-Effekt sind Computer. Die Effizienzsteigerung ihrer Rechenleistung führt exponentiell zu immer mehr und neuen Anwendungsgebieten. Dadurch kommt es aber auch zu einem massiven Anstieg von Serverfarmen und dem damit verbundenem Energieaufwand für die Rechenleistung und die Kühlung.«[75]

Innerhalb der nicht nachhaltigen Produktionen und bestehenden Konsummuster sind die Handlungsspielräume der Menschen, die in ihren Berufen und Jobs die jeweiligen Produktionen, den Handel und damit letztendlich die Konsummuster aufrecht erhalten, für eigene Initiativen, um mehr Nachhaltigkeit durchzusetzen, ziemlich begrenzt, weil sie nach den Vorgaben der Eigentümer und Führungskräfte arbeiten müssen. Kurzum: Wir sind auch deshalb ambivalent eingestellt, um dringende Transformationen für Klimaschutz und wirkliche Nachhaltigkeit durchzusetzen, weil wir aufgrund der hierarchischen Strukturen und der Besitz- und damit Machtverhältnisse dies überwiegend nicht dürfen und deshalb daran gehindert werden, sie durchzusetzen. Hierzu möchte ich einige wenige Beispiele nennen, die aufzeigen, wie wenig ernst Initiativen für mehr Nachhaltigkeit auch für ganz einfach zu realisierende Veränderungen genommen werden: Versuchen Sie einmal an ihrem Arbeitsplatz, gleich in welcher Branche oder ob Sie im öffentlichen Dienst arbeiten, Fair-Trade-Kaffee und Fair-Trade-Tee für den Verbrauch der Belegschaft einzuführen; mehr vegetarische Gerichte oder vegetarische Tage in der Firmenkantine durchzusetzen und Einsparungen bei der Anzahl und Größe der Firmenwagen vorzuschlagen. Versuchen Sie, Reduzierungen für die noch immer stattfindenden beruflichen Inlandsflüge in ihren Betrieben durchzusetzen oder dienstliche Autofahrten durch Bahnreisen oder Videokonferenzen ersetzen zu lassen. Von Ausnahmen abgesehen, werden Sie meistens abgeblockt und fühlen sich danach nicht gut.

Wir wissen, dass wir vielfach falsche Produkte unter falschen Bedingungen herstellen, aber können diese Fehlentwicklung nur dann ändern, wenn dies Entscheidungsträgerinnen und Entscheidungsträger auf möglichst vielen gesellschaftlichen Ebenen wirklich wollen.

Aber auch im privaten Bereich verhält es sich oft nicht viel anders. So ist es beispielsweise schwierig, als Mieter oder Eigentümer in einem Mehrfamilienhaus Investitionen für eine klimagerechtere Heizungsanlage oder für Wärmedämmungsmaßnahmen durchzusetzen. Immer mehr Single-Haushalte und Familien können sich diese Investition nicht mehr leisten, weil sie insbesondere als Mieter unter den hohen Mieten, den seit Jahren steigenden Mietnebenkosten und den in den letzten Jahren stark gestiegenen Lebenshaltungskosten oft an ihre finanziellen Grenzen angelangt sind. Wenn es sich um Eigentümer einer Wohnung in einem Mehrfamilienhaus oder eines Hauses handelt, dann sollte angenommen werden, dass Investitionen für ein klimagerechteres Wohnen für diese Menschen leichter zu realisieren wären. Aber auch für immer mehr Menschen, die Eigentümer von Wohnungen oder Häuser sind, trifft zu, dass sie diese Investitionen scheuen, weil sie ihre finanziellen Möglichkeiten überschreiten. Fast nur noch können die neue Mittelklasse und ein immer geringerer Teil der alten Mittelklasse Investitionen für ein klimagerechteres Wohnen tätigen, ohne dabei in finanzielle Engpässe zu geraten.

Wegen der seit Jahren stark gestiegenen Lebenshaltungskosten wird auch immer mehr an der Qualität von Produkten gespart, z. B. bei Lebensmitteln, Bekleidung, Einrichtungs- und Gebrauchsgegenständen. Auch der Kultur- und Bildungsbereich ist dadurch betroffen, dass die alte Mittelklasse schrumpft und sich eine neue Unterklasse bzw. prekäre Klasse (Reckwitz)[76] in den letzten Jahrzehnten herausbildete. Ein ganz einfaches Beispiel: Aus der alten Mittelklasse werden immer weniger Menschen dieses Buch kaufen, weil es ihnen zu teuer ist und aus der neuen Unterklasse wird es im besten Fall aus einer öffentlichen Bibliothek ausgeliehen.

Der renommierte Soziologe Andreas Reckwitz hat die neue Drei-Klassen-Gesellschaft ausführlich beschrieben. Er schreibt u. a.: »Die postindustrielle Ökonomie, die Bildungsexpansion und der Wertewandel lassen in allen westlichen Gesellschaften die nivellierte Mittelstandsgesellschaft erodieren. An ihre Stelle tritt sukzessive eine dreigliedrige Sozialstruktur, bestehend aus *neuer Mittelklasse, neuer Unterklasse* und – zwischen ihnen – der *alten Mittelklasse*, der Erbin der nivellierten Mittelstandsgesellschaft. Hinzu kommt *on top* die kleine *Oberklasse* der Superreichen. Die Dynamik der spätmodernen Sozialstruktur umfasst also zwei Richtungen: *Nach oben* steigt eine neue Mittelklasse aus der traditionellen Mittelklasse empor, *nach unten* fällt eine prekäre Klasse aus ihr heraus – wir befinden uns im spätmodernen Paternoster.

Die neue Mittelklasse, die zugleich eine Akademikerklasse ist, befindet sich im Zentrum *aller drei* genannten ökonomisch-kulturellen Wandlungsprozesse und stellt sich damit als die treibende Kraft der gesellschaftlichen Entwicklung der letzten Jahrzehnte dar. Sie ist die Trägerin der Bildungsexpansion ebenso wie der Postindustrialisierung, in deren Wissensökonomie sie in der Regel beschäftigt ist. Zugleich ist sie die wichtigste Vertreterin des mit dem Wertewandel verknüpften Liberalisierungsprozesses. [...] Eine Unterklasse im strikten Sinne gab es in der entfalteten Industriegesellschaft kaum. Sie entsteht erst durch den Strukturwandel von der industriellen zur postindustriellen Wirtschaft mit ihrer *service class*, dem Niedriglohnsektor und der Unterbeschäftigung. [...] Während die Dynamik der Postindustrialisierung und der Bildungsexpansion die neue aus der alten Mittelklasse nach oben emporhebt, treiben die *gleichen* Mechanismen von Postindustrialisierung und Bildungsexpansion nach unten eine neue prekäre Klasse aus der alten Mittelschicht heraus. [...] «[77]

Weil wir in sozioökonomischen Strukturen mit hochkomplexen Interdependenzen eingebettet sind, ist es nur für eine sehr kleine Minderheit von Menschen möglich, einigermaßen nachhaltig zu leben. Die Existenzgrundlagen der meisten Menschen im globalen Norden und zunehmend auch in den Schwellenländern des globalen Südens hängen von beruflichen Tätigkeiten und Jobs ab, die zu viele fossile Energieträger beanspruchen, die begrenzten materiellen Ressourcen zu stark ausbeuten und dadurch letztendlich den Naturverbrauch fördern. Sie entsprechen in vielfacher Hinsicht nicht einmal ansatzweise den Kriterien der Nachhaltigkeit.

Viele berufliche Tätigkeiten und Jobs sind dazu da, die nicht nachhaltigen Konsummuster und Lebensstile der Oberklasse, neuen Mittelklasse und großer Teile der alten Mittelklasse zu befriedigen. Diese Klassen haben die enorme Nachfrage in den letzten Jahrzehnten nach immer größeren Wohnungen und Häusern, größeren und leistungsstärkeren Automobilen, aufwendigen Wohnungseinrichtungen, exklusiven Reisezielen, teuren Flug- und Schiffsreisen, Luxusgegenständen und redundantem Konsum von Gebrauchsgegenständen entfacht. Sie haben als kleineren Teil an der Gesamtbevölkerung in den Ländern des globalen Nordens einen signifikant hohen Anteil an der großen Beschleunigung des Wirtschaftswachstums seit den 1990er-Jahren.[78] Dieses hat sich nach der Jahrtausendwende noch weiter beschleunigt und damit die Klimakrise und viele weitere Krisen auf der Welt verschärft. Somit haben viele Menschen aus der Oberklasse, der neuen und großer Teile der alten Mittelklasse einen viel größeren ökologischen Fußabdruck als die Menschen aus der neuen Unterklasse und als diejenigen, die dabei sind, aus der alten Mittelschicht in die neue Unterklasse abzusteigen.

Durch die im Jahr 2022 ausgelöste Gas-Krise Deutschlands im Besonderen und Europas im Allgemeinen wurde besonders sichtbar, welche Menschen überhaupt von sich aus Änderungen ihrer Lebensstile vornehmen können und wie sehr die Länder des globalen Nordens von fossilen Energieträgern abhängig sind. Es wurde sichtbar, wie schwer es für einen sehr großen Teil der Bevölkerung möglich ist, auf eine nachhaltigere Energie zum Heizen und für warmes Wasser zu wechseln, weil sie dafür keine ausreichenden finanziellen Mittel haben. Es wurde aber auch sichtbar, dass die meisten Menschen ihren bisherigen Lebensstil möglichst nicht aufgeben wollen.

Wir sind Kinder unserer Zeit und haben uns eine nicht nachhaltige Welt geschaffen, die sich aus vielfältigen Gründen nur ganz schwer in eine wirklich nachhaltige ändern lässt. Die Meisten interessiert es kaum, die Zustände zu verbessern. Sie sind entweder mit ihrem Alltag voll ausgelastet und/oder leben nach der Devise »Nach mir die Sintflut«. Menschen mit einer »Nach-mir-die-Sintflut-Mentalität« leben nur für kurzfristige Ziele und haben keinerlei Interesse an gesellschaftlichen Verbesserungen. Insbesondere sollten diejenigen Menschen, die in relevanten gesellschaftlichen Positionen Entscheidungen treffen, schon lange wissen, dass sie ihre Wertorientierungen und Handlungsmuster im Sinne wirklicher Nachhaltigkeit ausrichten müssen. Weil das nicht so ist, handeln zu viele von ihnen wider besseres Wissen! Sie machen weiter wie bisher, weil sie ihre Perspektiven auf die Zukunft egoistisch verengt haben. Viele Menschen aus der Oberklasse, der neuen Mittelschicht und großer Teile der alten Mittelschicht sind hier angesprochen.

Die »Nach-mir-die-Sintflut-Mentalität« resultiert auch aus einem Egoismus, der nicht zulässt, etwas mit anderen Menschen zu teilen. Menschen mit dieser Mentalität haben nur Interesse an ihrer eigenen Zukunft, vielleicht noch an der ihrer Familien. Mit den Notwendigkeiten und Forderungen wirklicher Nachhaltigkeit und der globalen nachhaltigen Entwicklung wollen sie sich nicht beschäftigen. Sie erkennen vielleicht gewisse Vorteile der Nachhaltigkeit, halten aber die Bestrebungen, diese zu realisieren, für puren Luxus, den sich die Gesellschaft nicht leisten kann. Deshalb wollen sie die bestehenden Strukturen nicht ändern. Dabei vertreten sie vielfach die Meinung, dass der wissenschaftlich-technische Fortschritt nahezu alle Probleme dieser Welt heute und in Zukunft schon meistern werde. Sie vergessen dabei, wie groß die Krisen der Gegenwart sind und die ungezählten Menschen, die darunter zu leiden haben, ignorieren die gigantischen Zerstörungen in der Biosphäre, die Vernichtung von Flora und Fauna, vom Leid in der Tierwelt einmal ganz abgesehen. Letztendlich sind sie nicht an einer enkeltauglichen Welt interessiert. So lebt es sich für diese Menschen leichter, weil sie mit derartigen Einstellungen kaum oder gar nicht in Gewissensnöte geraten, die durch eine primär ambivalente Einstellung im Kontext nicht nachhaltiger Wertorientierungen und Handlungsmuster zustande kommen würde. Sie verhindern innere Konflikte, weil bei ihnen keine widersprechenden Wünsche, Gefühle und Gedanken gleichzeitig nebeneinander bestehen und zu inneren Spannungen führen. Wenn sie die Zukunft der Weltgesellschaft im Allgemeinen und die der jungen und nachfolgenden Generationen im Besonderen nicht interessiert, dann sind ihre Handlungen, so ihre feste Überzeugung, auch nicht zukunftsrelevant. Vor diesem Hintergrund sind die Auswüchse des Massenkonsums einzuordnen; trifft die Situation zu, dass sich zu wenige Menschen gesellschaftlich engagieren, aber eine intakte Gesellschaft fordern und unentwegt das Größere, Schnellere, Höhere, Weitere sowie das Immer-Mehr fordern und fördern. Unter diesen Menschen sind sicherlich Trader und Protagonisten der Rüstungsindustrie, befindet sich die Energie-, Chemie- und Agrarlobby und lassen sich jene einordnen, die skrupellos Geld auf Kosten anderer vermehren und deren Gier nach Geld und Dingen grenzenlos erscheint. Insgesamt machen sie einen nicht unerheblichen Teil in den Gesellschaften aus – fast überall auf der Welt. Sie ignorieren auch die Feststellung des amerikanischen Philosophen, Schauspielers und Stückeschreibers Wallace Shawn aus seinem Monolog »Das Fieber«: »Wenn es für dich angemessen ist, den Teil von den Dingen zu haben, den du tatsächlich hast, und wenn es für alle Menschen auf der Welt, die wie du sind, angemessen ist, den Teil zu haben, den sie haben, dann bedeutet das, dass es für alle anderen nicht unangemessen ist, den Teil zu haben, der übrig bleibt.«[79]

Für einen großen Teil der Entscheidungsträgerinnen und Entscheidungsträger in Wirtschaft, Gesellschaft und Politik beeinflussen die nächsten Quartalszahlen, die Börsennotierungen am Ende des nächsten Quartals, die Steigerung persönlicher monetärer Gewinne, die mögliche Wiederwahl, der lukrative Wechsel aus der Politik in die Wirtschaft viel mehr ihre Wertorientierungen und Handlungsmuster und ihre persönlichen Zeithorizonte, als der Kampf für eine nachhaltige Gesellschaft. Sie wollen die bestehenden Strukturen aufrecht halten, sind also Strukturkonservativ. Wertkonservative, die sich für wirkliche Nachhaltigkeit einsetzen, sind ihr Gegenpart. Darüber hat der im Jahr 2019 verstorbene und über viele Jahrzehnte vielfältig aktive deutsche Politiker Erhard Eppler schon im Jahr 1975 folgendes geschrieben, was leider heute, knapp 50 Jahre später, weitgehend noch immer zutrifft: » […] Es gibt in unserer Gesellschaft vieles, was einer Anstrengung des Bewahrens wert ist. Die Frage ist nur: Was kann und soll bewahrt werden, und wie kann dies geschehen? Schon auf die Frage, was zu konservieren sei, erhalten wir zwei sehr verschiedene Antworten, die beide mit demselben Begriff als konservativ bezeichnet werden. Die eine zielt auf Strukturen: Zu bewahren sei unter allen Umständen und ohne Abstriche das ökonomische System mit seinen Machtstrukturen, zu erhalten seien die Einkommenshierarchien, auch wo sie auf skurrile Weise verzerrt sind, die Eigentumsordnung, auch wo sie dem Gemeinwohl im Wege steht, zu bewahren seien Normen des Strafrechts, auch wo sie ihren Zweck verfehlen, Formen des Welthandels, auch wo sie das nackte Leben ganzer Völker gefährden, nationale Ansprüche, auch wo die Geschichte längst darüber hinweggegangen ist, institutionelle Autorität, auch wo sie sich längst selbst verschlissen hat. Hier geht es offenkundig um die Konservierung von Machtpositionen, von Privilegien, von Herrschaft. […] Der Strukturkonservatismus gerät in Konflikt mit einem Konservatismus, dem es weniger um Strukturen als um Werte geht, der beharrt auf dem unaufhebbaren Wert des einzelnen Menschen, was immer er leiste, der Freiheit versteht als Chance und Aufruf zu solidarischer Verantwortung, der nach Gerechtigkeit sucht, wohl wissend, daß sie nie zu erreichen ist, der Frieden riskiert, auch wo er Opfer kostet. In dieser Tradition haben Werte wie Dienst oder Treue, Tugenden wie Sparsamkeit oder die Fähigkeit zum Verzicht noch keinen zynischen Beigeschmack. Dieser Konservatismus verficht die Würde des Leidenden und fordert die Würde des Sterbens zurück. Vor allem aber geht es ihm heute um die Bewahrung unserer natürlichen Lebensgrundlagen. [...] Dieser Konservatismus der Werte [Anmerkung W.M.: Wertkonservatismus] war immer mißtrauisch, wenn von Fortschritt, zumal vom technischen, die Rede war, er neigt heute gelegentlich dazu, sich durch die Ereignisse mehr bestätigt als herausgefordert zu fühlen. Er hat nie geglaubt, aus dem freien Spiel der Kräfte müsse notwendig Gutes erwachsen.«[80]

Im Kontext strukturkonservativer Politik und des nicht nachhaltigen »Zeitgeistes«, schrieb der französische Philosoph Michel Serres in seinem Werk »Der Naturvertrag« im Jahr 1994 folgendes, was heute hätte geschrieben werden können, denn seine Zeilen haben noch mehr an Aktualität gewonnen: »In welcher ›Zeit‹ aber leben wir? Die heutige allgemeine Antwort: in einer Zeit sehr großer Kurzfristigkeit. Um die ERDE zu retten oder das ›Wetter‹ zu respektieren, müßte man langfristig denken, und um die Langfristigkeit nur ja nicht zu erleben, haben wir es verlernt, gemäß ihren Rhythmen und ihrer Reichweite zu denken. Und die Politiker, ängstlich darauf bedacht, sich zu halten, entwickeln Projekte, deren Zeithorizont nur selten über die nächsten Wahlen hinausreicht [...] Sicher können wir die bereits eingeleiteten Prozesse verlangsamen, können Gesetze erlassen, um weniger fossile Brennstoffe zu verbrauchen, können die verwüsteten Wälder in großem Stil wiederaufforsten ... alles ausgezeichnete Initiativen, die sich insgesamt gesehen freilich im Bild des Schiffes zusammenfassen lassen, das mit einer Geschwindigkeit von fünfundzwanzig Knoten auf ein Felsenriff zusteuert, an dem es unausweichlich zerschellen wird, und auf dessen Brücke der wachhabende Offizier Befehl gibt, die Fahrt um ein Zehntel zu verlangsamen, ohne die Richtig zu ändern.«[81]

Das neue politische Versprechen

Das bestehende Fortschrittsmuster mit seinen Glücksversprechungen wird zwar immer mehr kritisiert, weil es für immer weniger Menschen seine Versprechungen einhält und die Lebensgrundlagen der Erde zerstört. Es wird aber mit immer neuen politischen Versprechen vehement verteidigt. Heute klingt das neue politische Versprechen, insbesondere in der Europäischen Union und in den USA, etwa so: Mit dem Ausbau erneuerbarer Energien wollen wir bis zum Jahr 2050 klimaneutral werden. Außerdem soll die digitale Infrastruktur so verbessert werden, dass das Leben für die Menschen besser wird. Viele weitere Probleme für das Leben und Überleben werden durch wissenschaftlich-technische Innovationen in der näheren und ferneren Zukunft gelöst. Durch die Realisierung dieser Ziele werden wir viele neue Arbeitsplätze schaffen und neues Wachstum generieren, das auch den Anforderungen der Nachhaltigkeit entsprechen wird.

Dieses Versprechen sagt nicht viel über das Erreichen wirklicher Nachhaltigkeit aus; es sagt nichts, um die Ungleichheiten in der Welt zu reduzieren. Insbesondere sagt es nichts über die massiven ökologischen Zerstörungen der Erde im Anthropozän aus.[82] Es ist ein ähnliches Versprechen, wie alle Versprechen über ökonomisches Wachstum seit dem Beginn Industriezeitalters mit dem letztendlichen Siegeszug des Kapitalismus in seinen verschiedenen Ausprägungen.

Es stellt sich die Frage: Wird mit dem neuen politischen Versprechen den Menschen suggeriert, dass eine zukunftsfähige Welt durch das Erreichen von Klimaneutralität im Jahr 2050 und künftigen Errungenschaften des wissenschaftlich-technischen Fortschritts zu erreichen ist?

Das neue politische Versprechen verneint eine grundsätzliche Kurskorrektur[83] unserer dominierenden Wertorientierungen und Handlungsmuster und setzt nach wie vor auf Wachstum, das aber größtenteils nicht nachhaltig ist. Der Träger des Alternativen Nobelpreises und Gründer der Zeitschrift *The Ecologist*, Edward Goldsmith, schrieb vor über 20 Jahren Folgendes, was heute, bedingt durch die sich immer drastischer auswirkende Klimakrise und der weiteren Anhäufung ökologischer und gesellschaftlicher Krisen, noch stärker zutrifft: »Uns allen wurde beigebracht, dass wirtschaftliche Entwicklung, gemessen an einem kontinuierlich wachsenden BSP [Anmerkung W.M.: Bruttosozialprodukt], der Schlüssel zu weltweitem Wohlstand und menschlichem Wohlbefinden ist. Daher müssen größtmögliche Anstrengungen unternommen werden, um das BSP maximal zu steigern, und das heißt, so viel wie möglich in wissenschaftliche und technische Innovationen zu investieren. Dabei wäre dafür zu sorgen, dass das ganze Entwicklungsprojekt von immer größeren und ›effizienteren‹ Konzernen gemanagt wird, die einen immer größeren und ›freieren‹ Markt beliefern. Genau dies ist in den vergangenen 50 Jahren jedoch geschehen [...] In der Folge hat sich das BSP der Welt versechsfacht und der Welthandel verzwölffacht. Wenn die konventionellen Theorien stimmten, müsste die Welt inzwischen ein wahres Paradies sein. Armut, Arbeitslosigkeit, Unterernährung, Obdachlosigkeit, Krankheiten und Umweltzerstörung wären dann nur noch ferne Erinnerungen aus unserer barbarischen und unterentwickelten Vergangenheit. Aber das Gegenteil ist leider der Fall.«[84]

Die Marginalisierung des Massenaussterbens
und ein Signal der Hoffnung

Das neue politische Versprechen sagt ganz besonders nichts darüber aus, wie die große Tragödie des Massenaussterbens der Arten in der Flora und Fauna gestoppt werden soll.
   Der renommierte Evolutionsbiologe Matthias Glaubrecht sieht mit dem sich abzeichnenden größten Artenschwund seit dem Aussterben der Dinosaurier eine weltweite biologische Tra-

gödie auf uns zukommen. In seiner umfassenden Analyse über die Vernichtung der Arten schreibt er: »[...] Es lassen sich tatsächlich viele Gemeinsamkeiten zwischen Artenwandel und Klimawandel entdecken. Beiden sieht die Menschheit viel zu gefasst entgegen, dem Letzteren allerdings bereits jetzt mit einer gewissen Anspannung. Es wäre spannend, die Gründe zu untersuchen, wie es beim Klimawandel möglich wurde, dass das Thema inzwischen die Wissenschaftsseiten der Tages- und Wochenzeitungen und Magazine verlassen, dann die Politik- und vor allem die Wirtschaftsseiten und neuerdings die Gesellschaftsseiten erreicht hat, während dies aber beim mindestens ebenso brisanten Artensterben bisher zumindest noch nicht der Fall ist. Der Lebensraumverlust insbesondere an Wäldern ist in erster Linie eine ökologische Katastrophe und biologische Tragödie, dessen Nebeneffekt dann aufgrund der freigesetzten Klimagase auch der Klimawandel ist. Doch gegen das Sterben der Arten gibt es keine ingenieurtechnische Lösung und keine unmittelbare ökonomische Perspektive. Auch ist das Verschwinden vieler Tier- und Pflanzenarten scheinbar noch ohne Folgen, zumindest in der Wahrnehmung der meisten von uns, die indes sehr wohl jeden Tag und jedes Jahr aufs Neue das Wetter beobachten. [...]«[85]

Es ist keine Übertreibung, wenn ich behaupte, dass weltweit das Massenaussterben in der Flora und Fauna von den ökonomischen und politischen Eliten und Entscheidungsträgerinnen und Entscheidungsträgern marginalisiert wird. Wäre es anders, dann würde das Massenaussterben mindestens ebenso ernst genommen wie die Klimakrise. Deshalb verhalten wir uns als Gesellschaft, vielleicht sogar als Weltgesellschaft, mehrheitlich ganz bewusst ambivalent, aber auch gleichgültig. Ambivalent deshalb, weil wir das Massenaussterben mehrheitlich überhaupt nicht wollen und ganz schlimm finden, aber viel zu wenig dagegen unternehmen, dass es gestoppt wird.

Oder gibt es doch ein Signal der Hoffnung, dass das Massenaussterben noch rechtzeitig gestoppt werden kann? Die Weltgesellschaft hat seit dem 19. Dezember 2022 auf der Weltnaturkonferenz in Kanada (Convention on Biological Diversity, Conference of the Parties 15, abgekürzt: CBD COP 15) ein neues, sehr ambitioniertes Weltnaturabkommen unter der Vermittlung von China ausgehandelt. Die Weltnaturkonferenz fand unter chinesischer Präsidentschaft statt, jedoch am Sitz des Sekretariats der Biodiversitätskonvention in der kanadischen Stadt Montréal. Ursprünglich sollte die CBD COP 15 im Jahr 2020 in China stattfinden. Sie wurde aber wegen der COVID-19-Pandemie verschoben und aufgeteilt. Der erste Verhandlungsteil fand im Oktober 2022 fast nur online in der chinesischen Stadt Kunming statt. Deshalb wird das neue globale Weltnaturabkommen auch als »Kunming-Montréal Global Biodiversity Framework« bezeichnet.[86]

Das erste Übereinkommen über die biologische Vielfalt wurde vor knapp 30 Jahren beschlossen. Es war ein am 29. Dezember 1993 in Kraft getretenes internationales Umweltabkommen. Die CBD ist das wichtigste multilaterale Vertragswerk für den Schutz der globalen Biodiversität.[87] Auf den 14 vorangegangenen CBD COP seit dem Jahr 1994 konnten keine spürbaren Verbesserungen zum Schutz der globalen Biodiversität realisiert werden. Ganz im Gegenteil: Seit der CBD COP 1 im Jahr 1994 in Nassau (Bahamas) hat sich nachweislich das Artensterben besorgniserregend beschleunigt und die Qualität von Ökosystemen auf der Welt hat sich zum Teil dramatisch verschlechtert.

Über die CBD COP 15 und das neue Weltnaturabkommen wurde zwar in den Medien berichtet, aber die Berichterstattung während der Konferenz vom 7. bis zum 19. Dezember 2022 und auch über das neue Weltnaturabkommen im Allgemeinen fiel gegenüber den letzten Weltklimakonferenzen erheblich dürftiger aus. Das ist eine mediale Fehleinschätzung der Wichtigkeit dieses Weltnaturabkommens, das genauso bedeutend ist, wie das Pariser Klimaabkommen aus dem Jahr 2015, denn Artenschutz ist Klimaschutz und Klimaschutz ist Artenschutz.

Die 196 Teilnehmerstaaten der CBD COP 15 haben sich auf ein Abkommen geeinigt, das Artensterben in der Flora und Fauna bzw. den Verlust der biologischen Vielfalt auf der Erde und die damit verbundene Zerstörung von Ökosystemen bis zum Jahr 2030 zu beenden. Das neue Weltnaturabkommen soll den Trend der Zerstörung der Natur durch den Menschen endgültig stoppen und für Schutzmaßnahmen, Renaturierung und eine nachhaltige Nutzung der Natur sorgen. Diese Ziele sollen in deutlich weniger als einem Jahrzehnt auf den Weg gebracht werden.

Bis zum Jahr 2030 sollen mindestens 30 Prozent der Land- und Meeresflächen sowie Binnengewässer der Erde unter einem wirksamen Naturschutz stehen und die Wiederherstellung von Natur umgesetzt werden. Die Rechte der indigenen Völker sollen respektiert werden, denn rund ein Drittel der artenreichsten Gebiete auf der Erde befindet sich in ihren Lebensräumen. Weil indigene Völker ihre Lebensräume sehr gut schützen, ist der Schutz der Rechte dieser Völker von besonderer Wichtigkeit. Darüber hinaus sollen bis zum Jahr 2030 auf 30 Prozent der geschädigten Ökosysteme Renaturierungsmaßnahmen anlaufen.

Es sind viele Ziele, die bis zum Jahr 2030 zu 30 Prozent auf der Erde erreicht werden sollen. Deshalb wird von 30/30-Zielen gesprochen. Die Länder des globalen Nordens sollen den artenreichen Ländern des globalen Südens bis zum Jahr 2025 mindestens 20 Milliarden US-Dollar pro Jahr zur Finanzierung des Naturschutzes zahlen – eine Verdopplung bisheriger Zusagen. Bis zum Jahr 2030 sollen die 20 Milliarden US-Dollar auf 30 Milliarden US-Dollar pro Jahr gesteigert werden. Der Einsatz von Pestiziden und Düngemitteln, der erheblich zum Artensterben beiträgt, soll bis zum Jahr 2030 halbiert werden. Umweltschädliche Subventionen sollen bis zum Jahr 2030 in der Höhe von 500 Milliarden Dollar abgebaut werden.

Um die Ziele des neuen Weltnaturabkommens zu erreichen, haben die 196 Teilnehmerstaaten der CBD COP 15 vier langfristige Ziele bis 2050 und 23 mittelfristige Ziele bis 2030 beschlossen. Zu den Zielen gehören u. a., dass die Lebensmittelverschwendung und die Verbreitung invasiver Arten bis zum Jahr 2030 halbiert werden. Staaten soll ermöglicht werden, dass Unternehmen und Finanzinstitutionen ihre Aktivitäten offenlegen, die sich schädlich auf die biologische Vielfalt auswirken. Um Länder des globalen Südens bei der Umsetzung des Weltnaturabkommens zu unterstützen, soll ein neuer »Global Biodiversity Framework Fund« gegründet werden. Dieser wird von der »Global Environment Facility« eingerichtet. Das Bundesministerium für Umwelt, Naturschutz, nukleare Sicherheit und Verbraucherschutz schreibt über die CBD COP 15 auf Deutschland bezogen: » [...] Um den Zustand der biologischen Vielfalt zu verbessern, wurde auf nationaler Ebene in Deutschland bereits damit begonnen, die Nationale Strategie zur biologischen Vielfalt, kurz NBS, zu überarbeiten und zu aktualisieren. In der NBS werden die globalen Ziele – und auch die Ziele der EU-Biodiversitätsstrategie 2030 – mit konkreten nationalen Zielen und Maßnahmen unterfüttert. In Deutschland sind bereits große Flächenanteile an Land und im Meer geschützt. Bund und Länder arbeiten gemeinsam daran, dass die geschützten Lebensräume sowie die wichtigen Beiträge dieser Gebiete zum natürlichen Klimaschutz gesichert bzw. gestärkt und bei Bedarf wiederhergestellt werden. Dafür soll ein Aktionsplan Schutzgebiete aufgelegt werden. Dabei soll ein klarer Schwerpunkt auf die qualitative Fortentwicklung der bestehenden Schutzgebiete liegen [...]«[88]

Ab sofort kommt es – überall auf der Welt – auf die konkrete Umsetzung der Ziele des neuen Weltnaturabkommens an.[89] Noch lässt sich das Artensterben in der Flora und Fauna durch menschliches Umsteuern stoppen. Das Ziel der Trendwende gegen das Massenaussterben in der Flora und Fauna bis zum Jahr

2030 ist nicht unrealistisch. Aber es darf nicht dazu kommen, dass das neue Weltnaturabkommen nicht ausreichend genug umgesetzt wird. Es müsste darüber in den Medien genauso viel berichtet werden wie über die Klimakrise. Die erfolgreiche Umsetzung des neuen Weltnaturabkommens ist ganz erheblich von den weltweiten Klimaschutzmaßnahmen abhängig, denn praktisch jede Klimaschutzmaßnahme dient dem Schutz der biologischen Vielfalt.

Um die biologische Vielfalt besser zu schützen, muss zeitnah politisch und ökonomisch an vielen großen und kleinen »Stellschrauben« gedreht werden. Das gilt auch für den Klimaschutz! Darüber hinaus müssen die Bevölkerungen einbezogen und zum Teil auch in die Pflicht genommen werden. Es ist unabdingbar, dass die Transformationen für mehr Klimaschutz und wirkliche Nachhaltigkeit eine viel höhere Priorität im politischen und ökonomischen Handeln erlangen müssen. Zudem muss über Klimaschutz und den Schutz der Biodiversität im gesamten Bildungswesen viel mehr aufgeklärt werden, um deutliche Mehrheiten dafür zu gewinnen. Durch mehr Wissen in der Bevölkerung über die Notwendigkeit von überlebenswichtigen Transformationen können mehr Menschen dafür begeistert werden, daran mitzuarbeiten und/oder die daraus resultierenden Änderungen zu akzeptieren. Letzteres ist sehr wichtig, weil in Zukunft viele Transformationen auch dazu beitragen werden, dass sich der Alltag vieler Menschen mehr oder weniger ändert.

Große und kleine »Stellschrauben« für biologische Vielfalt und Klimaschutz

- Die Flächenversiegelung muss völlig gestoppt werden und es müssten auch Flächen entsiegelt und renaturiert werden.

- Deutliche Verbesserungen für den Schutz von Bäumen und Wäldern. Es dürfen nur noch in außerordentlich seltenen Ausnahmefällen Bäume gefällt oder Wälder gerodet werden. Dazu muss im großen Stil weltweit aufgeforstet werden.[90]

- Die Produktion von Plastik muss drastisch reduziert werden und Plastik muss durch biologisch abbaubare Produkte (nachwachsende Rohstoffe) bestmöglich ersetzt werden.[91]

- Die Produktion von Plastikverpackungen muss zu einhundert Prozent durch biologisch abbaubare Ersatzstoffe (nachwachsende Rohstoffe) ersetzt werden.[92]

- Flugreisen müssen erheblich teurer werden.

- Kreuzfahrtschiffe müssen auf schadstoffärmere Antriebe umgerüstet werden, zum Beispiel mit Motoren, die mit Flüssiggas- oder Hybrid-Antrieben betrieben werden. Reisen mit Kreuzfahrtschiffen sollten zudem mit einer hohen Luxussteuer verteuert werden. Sie sind vielfältig an der Zerstörung der Biosphäre und Erdatmosphäre beteiligt.[93]

- Tempolimits auf Autobahnen, Landstraßen und in den Städten. Für Deutschland zum Beispiel Tempo 100 km/h auf Autobahnen, Tempo 80 km/h auf Landstraßen, Tempo 30 km/h in den Städten.

- Tempolimits für Schiffe auf den Weltmeeren, insbesondere für Kreuzfahrt- und Containerschiffe, um CO_2 einzusparen und um den Unterwasserlärm, unter dem Meereslebewesen nachweislich leiden, abzusenken.[94]

- Subventionierung des öffentlichen Personennah- und -Fernverkehrs durch Tickets, die für breite Bevölkerungsschichten bezahlbar sind und vollständiger Abbau von Subventionen und Privilegien für den Autoverkehr.

- Massive politische Förderung und Subventionierung von Wärmedämmungsmaßnahmen für öffentliche und private Gebäude.

Die Realisierung dieser und vieler anderer Maßnahmen für den Klimaschutz und den Schutz der Biodiversität sollten einzelne Länder zeitnah durchführen. Sie sollten nicht darauf beharren oder verweisen, dass andere Länder sie nicht durchführen. Es muss sich zur Durchführung von Maßnahmen für den Klimaschutz und den Schutz der Biodiversität eine »Koalition von Ländern« bilden, die sie konsequent durchsetzen. Sie würden dadurch nur gewinnen.

Die Messbarkeit der Ziele des neuen Weltnaturabkommens muss sichergestellt werden, wie es auch der Naturschutzbund Deutschland (NABU) fordert, der aber auch ernstzunehmende Defizite des neuen Weltnaturabkommens benennt: » [...] Trotz der Jubelrufe nach Verkündigung des Abkommens blickt der NABU mit Ernüchterung auf das Ergebnis: Es fehlen konkrete Vereinbarungen zur Umsetzung und messbare Ziele. Das Abschlussabkommen reicht nicht aus, um den Verlust der Artenvielfalt und Ökosysteme zu stoppen oder umzukehren. Von den schätzungsweise acht Millionen Tier- und Pflanzenarten auf der Erde sind laut Wissenschaftlern des Weltbiodiversitätsrats IPBES mindestens eine Million vom Aussterben bedroht. [...] Es fehlen Möglichkeiten, die Ziele zu kontrollieren und nachzuschärfen. Magdalene Trapp, die als Referentin für Biodiversitätspolitik die Verhandlungen vor Ort begleitet hat, kritisiert, dass immer wieder die gleichen Fehler gemacht werden: Vereinbarte Ziele wurden in den vergangenen Jahren konsequent verfehlt. Trotzdem hat es auch diese Weltnaturkonferenz nicht geschafft, einen Mechanismus einzufügen, der die Mitgliedsstaaten effektiv zu Transparenz und Verbindlichkeit zwingt. Es fehlen klare Umsetzungspflichten. Hinzu kommt: Renaturierung und Schutzgebiete helfen zwar, Rückzugsorte für die Natur zu schaffen. Doch das Abkommen nimmt die eigentlichen Treiber der Krise zu wenig in den Fokus: Ein grüner Wandel ist notwendig bei unserem Konsum, im Finanzsektor, der Fischerei und der Land- und Forstwirtschaft. Der NABU hatte hierzu klare Forderungen an die Politik formuliert. Denn besonders außerhalb von Schutzgebieten werden Ökosysteme intensiv genutzt. Doch in diesen Bereichen wurden keine messbaren Ziele beschlossen, die ausreichen, den Biodiversitätsverlust aufzuhalten.«[95]

Ich teile die Kritik des NABU am neuen Weltnaturabkommen. Die Schwachstellen des neuen Weltnaturabkommens müssen dringend bearbeitet werden, um möglichst beste Ergebnisse für den Erhalt der Biodiversität zu erzielen. Weil aber aus globaler Perspektive kein anderes Abkommen für den Erhalt und die Verbesserung der Biodiversität existiert, gilt es, das Beste aus dem neuen Weltnaturabkommen herauszuholen durch Länder, die die Ziele umsetzen, also durch die Koalition der Willigen. Umweltschutzorganisationen, Aktivistinnen und Aktivisten der Klimaschutzbewegungen, die Wissenschaften und viel mehr Bürgerinnen und Bürger sind aufgefordert, den Handlungsdruck auf politische und wirtschaftliche Entscheidungsträgerinnen und Entscheidungsträger für den Schutz der Biodiversität und dem Erreichen der Ziele des neuen Weltnaturabkommens hoch zu halten – auch mit großen Demonstrationen.

Das von mir eingangs angesprochene »Signal der Hoffnung« wurde durch ein am 5. März 2023 beschlossenes historisches Abkommen zum Schutz der Weltmeere verstärkt. Das von den Vereinten Nationen beschlossene Abkommen trägt den Namen »Biodiversität jenseits nationaler Gesetzgebung« (BBNJ). Wichtig ist, dass es völkerrechtlich bindend ist und neue Schutzgebiete viel leichter ausgewiesen werden können als bislang. »Bisher konnten wichtige Beschlüsse gemäß dem Prinzip des Konsens durch einzelne Mitglieder blockiert werden. Staaten wie Russland oder China wollten hieran festhalten. Künftig wird das Problem damit umgangen, dass keine Einstimmigkeit mehr vonnöten ist – eine Dreiviertelmehrheit genügt, um neue Schutzgebiete auszuweisen.«[96] Rund 60 Prozent der Weltmeere sollen abseits von Staatsgrenzen vor der maßlosen Ausbeutung durch uns Menschen geschützt werden. »Als Hohe See gelten all jene Meeresgebiete, die sich außerhalb der sogenannten 200-Meilen-Zone entfernt von Küsten oder rund um Inseln erstrecken. Innerhalb dieser 370-Kilometer-Grenze ist der jeweilige Küstenstaat für seine Wirtschaftszone zuständig und darf begrenzte souveräne Rechte ausüben. Alles, was sich über 200 Seemeilen hinaus erstreckt, gilt bisher als weitestgehend rechtsfreier Raum.«[97] Derzeit wird nur etwa ein Prozent der Hochsee durch internationale Abkommen geschützt. Marina Weishaupt schreibt über das neue Abkommen zum Schutz der Weltmeere: »[…] Laut Till Seidensticker, Meeresexperte der Umweltschutzorganisation Greenpeace, beginnt nun die eigentliche Arbeit – auch für Deutschland. Zentraler Bestandteil sei vor allem das Etablieren von Schutzgebieten. ›Es gab das Abkommen von Montreal, wo sich darauf geeinigt wurde, diese 30 Prozent der Weltmeere zu schützen. Aber es gab eben keine Möglichkeiten, diese Schutzgebiete auf der Hochsee zu schaffen‹, so Seidensticker. Das Abkommen sei in dieser Hinsicht eine grundlegende und historische Kehrtwende. Bundesumweltministerin Steffi Lemke zeigt sich tief bewegt und bezeichnet das Abkommen als einen ›historischen Durchbruch für den Schutz der Meere, für die Hohe See.‹ Laut ihr will Deutschland die Umsetzung des Abkommens rasch vorantreiben. Auch andere EU-Länder haben bereits finanzielle Mittel in Aussicht gestellt. Die Versprechen, die mit dem Abkommen einhergehen, sind also groß. […]«[98] Es ist nicht nur zu hoffen, dass die Versprechen des Abkommens eingehalten werden, denn entschlossenes Handeln zum Schutz der Weltmeere ist seit Jahrzehnten überfällig und deshalb eine »Bringschuld« von uns Menschen an die Meere und ihre Lebewesen.

Das drohende Wachstumsdilemma

Der Weltgesellschaft droht ein Wachstumsdilemma. Würde das bestehende Wachstumsparadigma bzw. das auf quantitativem Wachstum basierende Fortschrittsmodell[99] des Kapitalismus des globalen Nordens und das der Schwellenländer des globalen Südens aufgrund von zunehmenden Klimakatastrohen,
- und der damit verbundenen Beeinträchtigung der Biosphäre und Biokapazität der Erde,
- sowie der Störung und teilweisen Zerstörung der durch Menschen aufgebauten Infrastrukturen

immer mehr an Leistungsfähigkeit einbüßen oder sogar kollabieren, dann drohen in fast allen Ländern der Erde durch extrem steigende Arbeitslosigkeit und wachsende Verarmung in den Bevölkerungen soziale Unruhen und politische Krisen nie gekannten Ausmaßes. Ein kleiner Vorgeschmack darauf liefert der Rechtsruck und die Proteste in Europa durch die Gas- und -Energiekrise nebst der hohen Inflation seit dem Sommer 2022.

Bliebe aber das bestehende – auf stetigem quantitativen Wachstum basierende – Fortschrittsmodell unverändert nach der Devise »koste, was es wolle« (Business-as-usual-Pfad) weiter bestehen, dann lässt sich mit hoher Wahrscheinlichkeit behaupten, dass sich die Weltgesellschaft auf eine nicht mehr lösbare *Megakrise* zubewegt, weil dann die Erderwärmung große Teile der Landoberfläche der Erde unbewohnbar machen würde sowie nach und nach immer mehr Regionen der Welt ökologisch kollabieren. Die Megakrise wäre dann die Zuspitzung von sozialen und politischen Krisen. Diese wären auch unter dem Einsatz klugen Handelns und allergrößter Disziplin der meisten Menschen nicht mehr zu mildern. In ihrer Folge würde die Lebensqualität in allen Ländern aufgrund unbeherrschbarer ökologischer, gesellschaftlicher und wirtschaftlicher Katastrophen erheblich sinken. Es käme zur dramatischen Dezimierung der Menschheit. Die Megakrise wäre der theoretische Zeitpunkt in der Geschichte Homo sapiens, an dem es keine Optionen mehr für eine wünschenswerte Gestaltung menschlichen Lebens gäbe.[100] Das Zivilisationsmuster, wie es sich in den rund 11.700 Jahren des Holozäns entwickelte und in der kurzen Zeitspanne des Anthropozäns verändert hat, wäre definitiv gescheitert.

Das ist das drohende Wachstumsdilemma, dass sich im Zeitalter des Anthropozäns seit dem Beginn der ersten industriellen Revolution in der zweiten Hälfte des 18. Jahrhunderts regelrecht hochgeschaukelt hat. Gibt es noch Auswege, dem drohenden Wachstumsdilemma zu entkommen? Sind die Gegenkräfte, die aus den globalen kapitalistischen Strukturen und den Machtansprüchen der Supermächte und großen Schwellenländer resultieren für eine drastische und global angelegte Kurskorrektur zu groß? Bremsen die ambivalenten Wertorientierungen und Handlungsmuster in den Bevölkerungen die Initiativen für wirkliche Nachhaltigkeit durch ökologische Transformationen aus?

Prinzipiell ist es nicht möglich, einem Dilemma auszuweichen. Aber noch ist das Wachstumsdilemma nicht ganz erreicht, noch es existiert ein nicht unrealistischer Ausweg: Um dem drohenden Wachstumsdilemma zu entkommen, müsste die Weltgesellschaft in relativ kurzer Zeit die notwendigen Transformationen in Richtung nachhaltiger Entwicklung realisieren. Sie müsste also den möglichst vollständigen ökologischen, technologischen, ökonomischen, institutionellen und kulturellen Umbau für eine nachhaltige Weltgesellschaft zur Ziel- und Richtschnur der meisten Aktivitäten menschlichen Handelns ausrufen. Diese müssen durch Richtlinien, Gesetzesänderungen, Handlungsanweisungen und unzähligen Aktivitäten für wirkliche Nachhaltigkeit umgesetzt werden. Die Weltgesellschaft müsste alles daransetzen, das Ziel des Pariser Klimaabkommens einzuhalten, also die Erderwärmung auf deutlich unter 2,0 Grad Celsius, möglichst auf maximal 1,5 Grad Celsius im Vergleich zur vorindustriellen Zeit dauerhaft zu begrenzen. Dafür benötigt sie aber qualitatives Wachstum. Dieses trägt, wie beim quantitativen Wachstum, auch zur Steigerung des Bruttoinlandsprodukts (BIP) bei. Aber es belastet nur insofern die Biosphäre und Erdatmosphäre, dass seine Auswirkungen für sie so gering wie möglich bleiben. Qualitatives Wachstum hört auf zu wachsen, wenn es seinen Bedarf erfüllt hat. Es basiert, soweit wie möglich, auf regionalen Kreislaufwirtschaften und berücksichtigt konsequent die Kriterien des Nachhaltigkeitsprinzips. Aber für die Weltgesellschaft, die mittlerweile über 8,0 Milliarden Menschen zählt und am Ende dieses Jahrhunderts auf deutlich über 10 Milliarden wachsen wird, kann es keine ideale Nachhaltigkeit geben. Es wird nicht gelingen, wie in der Tier- und Pflanzenwelt, dass wir Menschen alles verwerten und keinerlei Abfälle hinterlassen, keine Ressourcen entwerten und die Umwelt nicht verschmutzen. Nur die wenigen verbliebenen indigenen Völker auf der Erde, die noch nicht durch Einflüsse der modernen Gesellschaften verändert wurden, können dies. Sie sichern ihr Leben und Überleben so, dass sie ihre Lebensräume und die darin enthaltenen Ressourcen so nutzen, dass sie im strengsten Sinne der Nachhaltigkeit auch dauerhaft erhalten bleiben. Mit qualitativem Wachstum erreichen wir dieses Ziel nicht, aber es würde im Gegensatz zum quantitativen Wachstum erheblich schonender mit der Biosphäre und Erdatmosphäre umgehen und letztendlich viel mehr Lebensqualität für die Menschen erzeugen.[101] Qualitatives Wachstum muss durch eine Vielzahl von Transformationen vorangetrieben werden, die möglichst alle fossilen Brennstoffe durch klimaneutrale ersetzt. Des Weiteren müssen Transformationen stattfinden, um den Verbrauch von allen Ressourcen dramatisch zu reduzieren. Außerdem müssen die vielfältigen sozialen und humanitären Ziele der nachhaltigen Entwicklung, die in den 17 Sustainable Development Goals, SDGs beschrieben sind[102] und von den Vereinten Nationen im September 2015 beschlossen wurden und am 1. Januar 2016 in Kraft traten, zwingend umgesetzt werden. Um wirkliche nachhaltige Entwicklung auf globaler Ebene zu erreichen, müssen die 193 Mitgliedsstaaten der Vereinten Nationen aber Folgendes zwingend beachten. Darauf habe ich schon vor wenigen Jahren hingewiesen: » […] die Realisierung der meisten SDGs, insbesondere für die bevölkerungsreichen armen Länder des Südens und für die Schwellenländer, darf nicht auf das bestehende Fortschrittsmuster mit seiner auf quantitativem Wachstum basierenden kapitalistischen Strukturen aufgebaut sein. Danach aber wird […] schon jahrzehntelang weltweit gehandelt. Sämtliche Verbesserungen für die Menschen in den Entwicklungs- und Schwellenländern, aber auch in den alten Industriegesellschaften des Nordens, erfolgten und erfolgen durch das bestehende Fortschrittsmuster. Mit ihm haben sich viele hundert Millionen Menschen in Asien, Südamerika und zum Teil auch in Afrika aus der Armutsfalle befreit und sind bis in die Mittelschichten aufgestiegen. Vor den Gefahren, die durch die Realisierung der meisten SDGs auf Basis konventioneller Wachstumsstrategien für die Biosphäre und Erdatmosphäre verbunden sind, wird auch im neuesten Bericht an den Club of Rome eindringlich gewarnt […]. Darin wird eine aktuelle Studie von Jeffrey Sachs u. a. angeführt, in der eine quantitative Bewertung der SDGs vorgenommen wurde […]. Sie schließt mit folgendem Fazit: › […] Wenn alle elf oder zwölf sozioökonomischen SDGs in allen Ländern erreicht würden, würde man erwarten, dass durchschnittliche Fußabdrücke Größen von 4 bis 10 Hektar pro Person erreichen. Für 7,6 Milliarden Menschen würde das bedeuten, dass wir zwischen zwei und fünf Planeten von der Größe der Erde bräuchten! […].‹ Um das zu verhindern, besteht die Notwendigkeit, dass die Realisierung der sozioökonomischen SDGs ausschließlich nach den Kriterien realer Nachhaltigkeit erfolgen müsste. Dafür müssen die Menschen in den Ländern des Nordens ihre Wertorientierungen und Handlungsmuster ändern und sie klimafreundlich sowie auf reale Nachhaltigkeit ausrichten und dadurch für die Länder des Südens zum Vorreiter werden [...].«[103]

In den letzten Kapiteln dieses Buches finden Sie Vorschläge und Visionen zur Lösung der Klimakrise und zur Erzielung realer Nachhaltigkeit, die ich aus meiner mehr als vierzigjährigen Arbeit als kritischer Zukunftsforscher generieren konnte. In dieser Zeit habe ich mich intensiv mit den Möglichkeiten der Nachhaltigkeit und nachhaltigen Entwicklung beschäftigt.

Aber wir sind Kinder unserer Zeit, besonders in den Ländern des globalen Nordens. Wir erfahren immer mehr darüber, dass unser Lebensstil und das Streben nach materiellem Wachstum sowie das beibehalten von klimaschädlichen Lebensstilen zu großen ökologischen Krisen und der sich anbahnenden globalen Klimakatastrophe führen, aber ändern diese Ursachen noch immer zu zaghaft. In zwei Ausstellungen wurde diese Tatsache thematisiert.

An drei Orten in Münster (Westfalen) wurde vom 27. November 2021 bis zum 27. Februar 2022 die Gruppenausstellung »Nimmersatt? Gesellschaft ohne Wachstum denken.«[104] gezeigt. Sie setzte an der Zerstörung der Lebensgrundlagen der Erde und den globalen Herausforderungen des 21. Jahrhunderts durch den total auf wirtschaftliches Wachstum fixierten Kapitalismus an. Die 25 internationalen Künstlerinnen und Künstler übten mit Videoinstallationen, Zeichnungen, Fotografien und Skulpturen Kritik an zahlreichen globalen Fehlentwicklungen der nimmersatten Wachstumsgesellschaften des globalen Nordens. Dabei wurden auch einige wichtige Ursachen der vielen globalen Krisen dargestellt. Im Ausstellungsmagazin »kunstraummünster« fasst Birgit Schlepütz die interessanten Ausstellungsobjekte, die in der Kunsthalle Münster gezeigt wurden, zusammen: » [...] Sie erzählen von Zeiten, in denen Tulpenzwiebeln den ersten Crash in der Wirtschaftsgeschichte auslösten, nehmen ökofeministische Blickwinkel ein und thematisieren inklusive und exklusive Körperpolitiken. Während hier ausgestorbene Tierarten zu generationen-übergreifender Klimagerechtigkeit mahnen, hintertreiben an anderer Stelle skurrile Raubtierfiguren die illegale Landnahme und die Monopolisierung von Saatgut. Letztere ist auch Kern einer raumgreifenden Schautafel-Installation über den global monopolisierten Saatgutmarkt, seine politischen Verflechtungen und dessen ökologische wie ökonomische Folgen. Lerato Shadis Arbeit verweist mit dem bewusst nicht übersetzten Werktitel ›Masako Wa Nako‹ auf Inklusion und Exklusion und nimmt mit einem scheinbar unermüdlich wachsenden Schal Bezug auf Körperpolitiken und das Abwerten weiblich konnotierter Tätigkeiten. Die Filmemacherin Elke Marhöfer fokussiert in ›Who Does The Earth Think It Is? (Becoming Fire)‹ auf Landschaften, Vegetationen und alternative, tradierte Produktionsverfahren. Wie weit fortgeschritten Ausbeutung bereits ist, zeigen Radha D'Souza & Jonas Staal mit ihren ›Comrads in extinction‹: Mittels vernetzter Holzstelen verbinden sie ausgestorbene Tierarten und Sprachen, die Opfer eines umweltzerstörerischen Kapitalismus wurden. In den beiden Arbeiten mit dem Titel ›In The Stomach Of The Predators‹ hinterfragen und konterkarieren Andreas Siekmann und Alice Creischer aktuelle Praktiken der Landnahme und des monopolisierten Saatguts. Siekmann blickt mit seiner Werkgruppe ›7. Februar 1637‹ zudem zurück auf die Tulpenmanie im Goldenen Zeitalter der Niederlande. Auch Marwa Arsanios greift in den ersten beiden Filmen der Trilogie ›Who Is Afraid Of Ideology‹ das Recht auf Land und Saatgut auf, vor allem aber die Beziehung zwischen Menschen und Landschaften. Antikoloniale Kämpfe, insbesondere die Sichtweise von Frauen aus dem nordsyrischen Dorf Jinwar, spielen dort die zentrale Rolle.«[105]

Letztendlich vermittelte diese Gruppenausstellung mit künstlerischen Ausdrucksformen einmal mehr, wie schwierig es ist, Lösungen für die großen Zukunftsfragen der Weltgesellschaft und gegen den Wachstumswahn der Menschen im spätmodernen Kapitalismus aufzuzeigen. Sie konnte deshalb nicht einmal ansatzweise irgendwelche massentauglichen Postwachstumsstrategien aufzeigen und auch nicht eine Gesellschaft ohne Wachstum denken. Sie konnte und wollte wohl auch nicht diesen Anspruch erfüllen. Aber sie hat meiner Meinung nach hervorragend dazu beigetragen, dass sich die Besucherinnen und Besucher über den Wachstumswahn und seinen vielfältigen negativen Folgen mehr Gedanken machen sollten. Sie hat sicherlich erreicht, dass einige Besucherinnen und Besucher mehr über sich und ihr Handeln nachdenken, denn nicht nur die Oberschichten, sondern auch die Mittelschichten auf der ganzen Welt sind zu großen Teilen nimmersatt. Die Ober- und Mittelschichten waren und sind die Antreiber und Erfinder für immer neues Wachstum. Sie sind es, die die Ideen und Konzepte für eine Postwachstumsökonomie und für Gesellschaftsentwürfe, die jenseits des wachstumsfixierten Kapitalismus anzusiedeln sind, vielfältig bekämpfen und marginalisieren. Sie haben dazu beigetragen, dass die Mehrheit der Bevölkerungen im globalen Norden auf stetiges Wachstum fixiert war und ist – auch weil sie auf stetiges Wachstum sozialisiert wurde und noch immer wird. Sie waren und sind es, die dieses Fortschrittsmuster bis in die entferntesten Winkel der Erde zur Norm machten. Sie sind es, die eine monströse Werbeindustrie aufgebaut haben, die die Menschen von morgens bis abends mit Werbespots beeinflussen. »Im Jahr 2018 wurden in den USA rund 69 Milliarden Euro mit Fernsehwerbung umgesetzt. Damit führen die USA das Ranking der Länder mit den höchsten TV-Bruttowerbeerlösen deutlich an. Zum Vergleich: In Deutschland als Zweitplatziertem betrug das Bruttovolumen der Fernsehwerbung im selben Jahr rund 15,53 Milliarden Euro«, schreibt Bernhard Weidenbach auf Statista.[106] In Deutschland wurden im Jahr 2020 rund 6,8 Millionen Werbespots nur im Fernsehen ausgestrahlt.[107] Der Gründer der Adbusters Media Foundation und CEO der Blackspot Anticorporation Kalle Lasn schrieb vor über 20 Jahren über Werbung Folgendes: »Werbung ist das am weitesten verbreitete und stärkste aller mentalen Umweltgifte. Vom ersten Ton des Radioweckers am Morgen bis zu den frühen Morgenstunden des Nachtprogramms im Fernsehen strömen Mikrojolts aus kommerzieller Verschmutzung in unser Gehirn, und das mit einer Geschwindigkeit von etwa dreitausend Marketingbotschaften pro Tag. Täglich werden etwa zwölf Milliarden Displayanzeigen, drei Millionen Radiowerbungen und mehr als zweihunderttausend TV-Werbespots im kollektiven Unbewussten Nordamerikas abgeladen.«[108] Durch den Siegeszug der Smartphones seit den 2010er-Jahren und die Nutzung der vielen sozialen Netzwerke im Internet hat sich diese gewaltige Anzahl an Werbespots noch deutlich erhöht.

Letztendlich kann sich das Gros der Menschen im globalen Norden und zunehmend auch in den Schwellenländern des globalen Südens kaum noch eine Wirtschaftsform oder Lebensweise vorstellen, die nicht auf Wachstum basiert.

Heute kann fast kein Mensch mehr glaubwürdig leugnen, von den immensen Zerstörungen auf der Erde durch das quantitative Wirtschaftswachstum nichts zu wissen, aber die meisten Menschen blenden diese bittere Realität aus. Das konnte ich einmal mehr auf der Ausstellung »Das zerbrechliche Paradies« im Gasometer Oberhausen feststellen. Diese sehr aufwendig gestaltete Ausstellung nahm vom 1. Oktober 2021 bis zum 31. Dezember 2022 »die Besucher mit auf eine bildgewaltige Reise durch die bewegte Klimageschichte unserer Erde und zeigte in beeindruckenden, preisgekrönten Fotografien und Videos, wie sich die Tier- und Pflanzenwelt in Zeiten des Anthropozäns verändert.«[109,110] Die Besucherinnen und Besucher sahen auf der ersten Ebene im Rund unter der Gasdruckscheibe unter dem Motto »Eine Erde – viele Welten« die paradiesische Artenvielfalt des Planeten Erde. Sie sahen großformatige Fotografien und zahlreiche Filmausschnitte über die Vielfalt des Lebens und der Lebensräume auf der Erde. Durch neueste 3D-Technik konnten sie das größte Regenwaldschutzgebiet der Welt, den Nationalpark

Tumucumaque in Brasilien virtuell erkunden und dabei in die Rolle verschiedener Bewohner dieses Urwaldes schlüpfen.»Der ökologische Fußabdruck des Menschen bestimmt die Ausstellungsinhalte auf der nächsten Ebene des Gasometers. ›Sofern wir in die Natur eingreifen, haben wir strengstens auf die Wiederherstellung ihres Gleichgewichts zu achten‹, mahnte bereits der griechische Philosoph Heraklit, ca. 550-480 vor Christus. Seine Mahnung verhallte allerdings weitgehend ungehört, und die Folgen des Eingriffs des Menschen in das Ökosystem des Planeten sind dramatisch. Die zusammengestellten Bilder und Filmsequenzen zeigen in aller Deutlichkeit die Klimaveränderung, Waldrodungen, den Raubbau an Tieren, die Vermüllung - insbesondere der Meere - und die Folgen der industriellen Landwirtschaft. Es gibt aber auch Hoffnungsschimmer, wie das Ocean Cleanup-Projekt, das Vertical Forest-Gebäude in Mailand oder - direkt vor der Gasometer-Haustür - die Renaturierung der Emscher. ›Ziel der Ausstellung ist es, die schützenswerte Schönheit unseres Planeten zu zeigen‹, erklärt Jeanette Schmitz, Geschäftsführerin der Gasometer GmbH, ›das heißt aber auch, auf Missstände hinzuweisen, die unser Paradies bedrohen. Bereits heute gibt es allerdings vielversprechende Lösungsansätze, die wir exemplarisch darstellen.‹ «[111]

Beim Betrachten der Bilder und Filmsequenzen, die die massiven ökologischen Zerstörungen durch den Menschen auf der Erde zeigten, haben sich die Gesichter einiger Besucherinnen und Besucher regelrecht versteinert. Werden die Besucherinnen und Besucher, die auch ohne diese Ausstellung wissen müssten, dass der Mensch dabei ist, die Lebensbedingungen auf der Erde zu zerstören, sich aufgrund der zusätzlichen Informationen und Eindrücke, die sie durch diese Ausstellung bekommen haben, an Lösungen für eine nachhaltige Entwicklung in irgendeiner Form einbringen? Engagieren sie sich nach dem Besuch dieser Ausstellung mehr für wirkliche Nachhaltigkeit in ihren Berufen oder Jobs, durch Verzicht auf redundantem Konsum, Flugreisen oder nicht nachhaltigem Lebensstil? Oder werden sie vieles wieder verdrängen und ändern nichts in ihren Lebensstilen? Im Verdrängen von zum Teil sehr unangenehmen Tatsachen über die Produktionsbedingungen unzähliger Produkte sind die meisten Menschen eingeübt. Wäre es anders, dann würden viele Menschen nicht mehr das Fleisch aus der industriellen Fleischproduktion essen; nicht mehr die Fertigprodukte (Convenience-Produkte) der Lebensmittelindustrie unhinterfragt essen; nicht mehr Bekleidung und Schuhe kaufen, die auf nicht nachhaltige Weise und unter menschenverachtenden Bedingungen hergestellt werden; nicht mehr für wenige Tage von Düsseldorf nach Mallorca oder den Kanaren fliegen; nicht mehr immer größere und leistungsstärkere Automobile kaufen, um nur einige wenige Beispiele zu nennen.

Schlussbemerkung: Die Weltgesellschaft als Ganzes befindet sich in einem Wachstumsdilemma, weil die Triebkräfte für das quantitative Wachstum dominieren. Joschka Fischer merkt dazu in seinem Buch »Zeitenbruch« Folgendes an, was aus seiner Sicht die Situation in naher Zukunft noch weiter verschärfen wird: »Weiteres Wachstum an Konsum und Macht, das es angesichts der großen materiellen Ungleichheit zwischen dem globalen Norden und Süden mit Sicherheit und angesichts des Wachstums der Menschheit geben wird, *wird zu der eskalierenden Überforderung der großen Systeme des Planeten und seiner Ressourcen weiter beitragen, selbst wenn man technische Innovationen und systemische Durchbrüche wie den Übergang zu einer Kreislaufwirtschaft und große Fortschritte bei der Dekarbonisierung der großen Industriegesellschaften gegenrechnet.* [Hervorhebung durch W.M.]«[112]

Der Krieg Russlands gegen die Ukraine und die Folgen

Atomwaffen töten, auch wenn sie nicht eingesetzt werden

Der Philosoph Karl Jaspers schrieb im Jahr 1958 im Vorwort seines Werkes »Die Atombombe und die Zukunft des Menschen«: »Eine schlechthin neue Situation ist durch die Atombombe geschaffen. Entweder wird die gesamte Menschheit physisch zugrunde gehen, oder der Mensch wird sich in seinem sittlich-politischen Zustand wandeln. [...].«[113] Diese Sätze wurden im Kalten Krieg vor rund 65 Jahren geschrieben. Fest steht, dass der Mensch sich in seinem sittlich-politischen Zustand nicht so gewandelt hat, dass in Zukunft ein Atomkrieg auszuschließen ist.

Durch den völkerrechtswidrigen Angriffskrieg Russlands auf die Ukraine am 24. Februar 2022 hat sich die Gefahr eines Atomkriegs erhöht. Aber seit Kriegsbeginn töten auch nicht eingesetzte Atomwaffen. Der Grund: Russland besitzt die meisten strategischen und taktischen Atomwaffen auf der Welt. Zu Beginn des Krieges gegen die Ukraine drohte Putin allen Akteuren, die sich Russland in den Weg stellen, mit schwerwiegenden Konsequenzen: Er sagte wörtlich: »Ich möchte nun etwas sehr Wichtiges für diejenigen sagen, die versucht sein könnten, sich von aussen in diese Entwicklungen einzumischen. Ganz gleich, wer versucht, sich uns in den Weg zu stellen oder gar Bedrohungen für unser Land und unser Volk zu schaffen, sie müssen wissen, dass Russland sofort reagieren wird, und die Konsequenzen werden so sein, wie Sie sie in Ihrer gesamten Geschichte noch nie gesehen haben. Ganz gleich, wie sich die Ereignisse entwickeln, wir sind bereit. Alle notwendigen Entscheidungen in dieser Hinsicht sind getroffen worden. Ich hoffe, dass meine Worte Gehör finden werden.«[114] Am 27. Februar 2022, drei Tage nach

Beginn des Krieges gegen die Ukraine, ließ Putin die Atomwaffenstreitkräfte Russlands in Alarmbereitschaft versetzen.

Durch die Drohung Putins, Atomwaffen einzusetzen, sollte die NATO die Ukraine militärisch verteidigen, wurde der Krieg gegen die gesamte Ukraine und damit das Töten und Massenmorden erst möglich. Es ist eine Form von »atomarer Erpressung« die der Kreml unter der Führung von Putin, insbesondere gegen die NATO, »inszeniert«. Zur »atomaren Erpressung« zählen auch die militärischen Attacken auf das stillgelegte Kernkraftwerk Tschernobyl und auf das größte Kernkraftwerk Europas Saporischschja. Das alles sind perfide »Spiele mit dem atomaren Feuer«, die in der Geschichte beispiellos sind.

Die Ukraine kann sich nur selbst verteidigen. Es werden von zahlreichen NATO-Ländern Waffen in die Ukraine geliefert. Aber die NATO-Länder wissen sehr wohl, dass sie die Anzahl und die Schlagkraft der Waffen, die sie in die Ukraine liefern, immer wieder überdenken und auch untereinander abstimmen müssen, um für Putin und dem Kreml nicht als Kriegsteilnehmer zu gelten. Andernfalls würden sie an der Eskalationsspirale dieses Krieges drehen.

Meiner Meinung nach sollten alle Waffenlieferungen aus den NATO-Ländern in die Ukraine mit der Auflage verbunden werden, dass die Waffen nicht für Angriffe auf russisches Territorium eingesetzt werden dürfen, um diesen Krieg nicht unnötig eskalieren zu lassen. Um nicht missverstanden zu werden: Es steht auch für mich außer Frage, dass sich die Ukraine verteidigen muss und dafür Waffen und Munition aus anderen Ländern benötigt. Aber es müssen Waffen und Munition zur Selbstverteidigung der Ukraine bleiben. Selbstverteidigung ist ein Menschenrecht. Der Angriffskrieg Russlands auf die Ukraine zeigt ganz eindeutig, dass die Ukraine ein Selbstverteidigungsrecht nach Art. 51 der UN-Charta hat.[115] Dafür benötigte die Ukraine nicht einmal die Ermächtigung des UN-Sicherheitsrates. Auch ist es zur Selbstverteidigung der Ukraine völkerrechtlich zulässig, dass andere Länder die Ukraine mit Waffen unterstützen dürfen.

Seit dem Abwurf der Atombomben auf Hiroshima und Nagasaki am 6. und 9. August 1945 hat noch nie eine Atommacht mit dem Einsatz von Atomwaffen gedroht. Durch Putin wurde dieses Tabu gebrochen. Er hat diesen monströsen Eskalationsschritt gewagt, der auch als ein Zivilisationsbruch zu werten ist, also »Verletzung oder Außerkraftsetzen von Normen, die für das zivilisierte, gesittete Zusammenleben von Personengruppen, Staaten o. Ä. grundlegend sind«[116], um seinen Krieg gegen die Ukraine möglichst ungestört führen zu können. Das war eine starke Drohung an den gesamten Westen im Allgemeinen, an die NATO-Länder im Besonderen und letztlich sogar eine starke Drohung an die gesamte Weltgesellschaft, sich nicht in diesen Krieg einzumischen. Wir wissen, dass der Massenmörder und Kriegsverbrecher Putin die Drohung Atomwaffen einzusetzen, sollte sich der Westen in den Krieg einmischen, mehrfach unverhohlen wiederholt hat. Wir wissen auch, dass der Einsatz von Atomwaffen die menschliche Zivilisation ernsthaft gefährden würde.

Seit dem Krieg Russlands gegen die Ukraine sprechen wir zu Recht von einer Zeitenwende. Diesen Begriff hat Bundeskanzler Olaf Scholz in seiner Regierungserklärung am 27. Februar 2022 verwendet, also nur drei Tage nach Beginn des Angriffskrieges Russlands auf die Ukraine. Er sagte u. a: »[…] Wir erleben eine Zeitenwende. Und das bedeutet: Die Welt danach ist nicht mehr dieselbe wie die Welt davor. Im Kern geht es um die Frage, ob Macht das Recht brechen darf, ob wir es Putin gestatten, die Uhren zurückzudrehen in die Zeit der Großmächte des 19. Jahrhunderts, oder ob wir die Kraft aufbringen, Kriegstreibern wie Putin Grenzen zu setzen. Das setzt eigene Stärke voraus. [...]«[117]

Im Januar 2022 existierten weltweit 12.705 nukleare Sprengköpfe, davon 5.977 in Russland, 5.428 in den USA, 350 in China, 290 in Frankreich, 225 im Vereinigten Königreich, 165 in Pakistan, 160 in Indien, 90 in Israel und 20 in Nordkorea.[118] Die großen Bestände an nuklearen Sprengköpfen in Russland und den USA resultieren aus dem Wettrüsten im Kalten Krieg in den Jahren von 1945 bis 1989.

Seit längerer Zeit bedrohen auch sogenannte »taktische Atomwaffen« den Weltfrieden. Taktische Atomwaffen sind Atombomben mit geringerer Sprengkraft. Sie sind überwiegend auf Trägersysteme mit bis zu etwa 100 Kilometer Reichweite installiert. In »Spektrum der Wissenschaft« wurde darüber berichtet: » [...] Diese so genannten Gefechtsfeldwaffen sollen Truppen oder Infrastruktur nahe der Front vernichten – im Prinzip so wie konventionelle Artillerie. Doch selbst wenn sie meist kleiner sind: Für den Weltfrieden stellen diese Waffen nach Einschätzung vieler Fachleute eine größere Gefahr dar als strategische Atomraketen. Letztere dienen der Abschreckung, ein realer Einsatz ist unwahrscheinlich. Taktische Nuklearwaffen dagegen ›haben die Schwelle für den Einsatz von Atomwaffen verringert und auch die möglichen Gründe für ihren Einsatz diffuser gemacht‹, erklärt Götz Neuneck, Senior Research Fellow am Institut für Friedensforschung und Sicherheitspolitik der Universität Hamburg. [...] Eine gefährliche Idee aus dem Kalten Krieg kommt derzeit wieder auf: dass ein Atomkrieg geführt und gewonnen werden könne. Das ist eine Abkehr von der jahrzehntelang vorherrschenden Sicht auf Nuklearwaffen als reines Abschreckungsmittel. ›Es gibt diese Denkschule in den USA und anderswo, die sagt: Wenn wir diese Atomwaffen haben, und die sind so wirkungsvoll, warum setzen wir sie eigentlich nicht ein?‹ schildert Neuneck. [...] Der Friedensforscher meint damit die Vorstellung eines ›begrenzten nuklearen Konflikts‹, wonach Feldschlachten mit Atombomben geführt werden könnten. Und das, so die Idee, ohne den vernichtenden Gegenschlag mit hunderten Interkontinentalraketen auszulösen, der während des Kalten Kriegs stets drohte. Doch niemand weiß, ob sich Atomkriege auf diese Weise begrenzen lassen – unter anderem deshalb nicht, weil unklar ist, was taktische Atomwaffen eigentlich sind. ›Das ist zunächst eine künstliche Kategorie‹, sagt Neuneck. Einen eindeutigen technischen Unterschied zwischen taktischen und strategischen Atomwaffen gibt es nicht. Erstere haben nicht grundsätzlich weniger Sprengkraft; zudem lässt sich bei modernen Atomsprengköpfen zwischen mehreren Explosionsstärken wählen. Etwa, indem man bei der Explosion kleine Mengen Fusionsbrennstoff einspritzt oder zusätzliche Neutronen zum Intensivieren der Kettenreaktion. Bei Wasserstoffbomben wiederum lässt sich die erste Stufe, in der die Kernspaltung stattfindet, von der Fusionsstufe trennen, so dass nur die schwächere Fission stattfindet. [...]«[119]

Umso unverständlicher ist die Tatsache, dass am 26. August 2022 die einmonatige zehnte Überprüfungskonferenz des NVV (Vertrag über die Nichtverbreitung von Kernwaffen) zu Ende ging, ohne dass sich die Vertragsstaaten auf ein Abschlussdokument einigen konnten. ICAN, die Internationale Kampagne zur Abschaffung von Atomwaffen, schrieb darüber:

» [...] Deutschland lehnt humanitäre Erklärung ab: 145 Staaten gaben eine gemeinsame Erklärung zu den humanitären und ökologischen Folgen von Atomwaffen ab. Sie betonen die Dringlichkeit diese Massenvernichtungswaffen zu beseitigen. Wir sind enttäuscht, dass Deutschland sich nicht daran beteiligt. Andere Länder machen es besser: Griechenland, ebenfalls NATO Mitglied, hat die Erklärung unterzeichnet.

Konferenz gescheitert: Trotz der aktuellen Bedrohung durch Atomwaffen konnten sich die Staaten nicht auf gemeinsame Lösungen einigen. Die Konferenz geht ohne Abschlussdokument zu Ende. Hauptkonflikt war eine gemeinsame Aussage zu den Kampfhandlungen am ukrainischen Atomkraftwerk Saporischschja. Aber auch darüber hinaus konnte sich die Konferenz nicht auf konkrete Abrüstungsschritte einigen. Das ist angesichts der aktuellen instabilen internationalen Beziehungen ein Desaster und erhöht das Risiko eines Atomwaffeneinsatzes.«[120]

Ist meine Forderung angesichts des verbrecherischen Krieges Russlands gegen die Ukraine naiv, dass die 31 NATO-Mitgliedsländer mit Russland und auch mit allen Ländern, die über Atomwaffen verfügen, die Initiativen und Gespräche über Rüstungskontrolle intensivieren müssen? Die bestehenden Rüstungskontrollverträge[121] für atomare, biologische, chemische und konventionelle Waffen müssen dringend erneuert werden. Die Welt benötigt vielfältige militärische Abrüstungen und Rüstungskontrolle, insbesondere in den Bereichen der Produktion von chemischen, biologischen, radiologischen und nuklearen Waffen, die abgekürzt als CBRN-Waffen bezeichnet werden. Ebenso ist deutlich mehr Kontrolle über die Nichtverbreitung konventioneller Waffen und von Kleinwaffen und deren Munition vonnöten. Meine Forderung wird auch nicht durch die Tatsache abgeschwächt, dass am 22. Februar 2023 im russischen Parlament in Moskau die Abgeordneten ein Gesetz zur Suspendierung (Aussetzung) des New-Start-Vertrages einstimmig verabschiedeten.[122] Der »New-Start-Vertrag« wurde im Jahr 2010 abgeschlossen und im Februar 2021 bis zum Jahr 2026 verlängert. Er sieht im Wesentlichen vor, dass Russland und die USA sich dazu verpflichten, ihre atomaren Sprengköpfe auf eine Anzahl von jeweils höchstens 1.550 Stück zu verringern. Darüber hinaus sollen beide Länder ihre Trägerraketen und schweren Bomber auf eine Anzahl von jeweils maximal 800 Stück begrenzen. Die Einhaltung des »New-Start-Vertrags« soll durch Kontrollbesuche vor Ort überwacht werden.[123] Durch die Aussetzung des »New-Start-Vertrags« gibt es zurzeit keinen anderen Vertrag, der die Atomwaffenarsenale in Russland und in den USA begrenzt.

Militärische Abrüstungen sind für das Leben und Überleben der Weltgesellschaft zwingend notwendig. Nicht durch weitere militärische Aufrüstung wird die Welt sicherer, sondern nur durch massives Abrüsten! In den letzten Jahrzehnten wurde weltweit massiv aufgerüstet (siehe auch Seite 48), aber dadurch haben sich die Kriege und bewaffneten Konflikte in der Welt nicht reduziert. Durch die Produktion von Waffen im Allgemeinen und durch Rüstungsexporte in Krisenregionen im Besonderen wurden viele Länder und Regionen sprichwörtlich zu »Pulverfässern«. Im 21. Jahrhundert gab es schon über 40 Kriege und bewaffnete Konflikte.[124]

Was Rüstungskontrolle betrifft, so handelt die deutsche Politik schon viele Jahre hochgradig ambivalent. Das Bundesministerium der Verteidigung schreibt zum Thema Rüstungskontrolle: »Ziel deutscher Außen- und Sicherheitspolitik ist es, destabilisierende Entwicklungen frühzeitig zu erkennen und durch gezieltes Engagement in den Bereichen Rüstungskontrolle, Nichtverbreitung und Vertrauensbildung das Risiko von Konflikten und ungewollter Eskalation zu verringern sowie die Proliferation von Massenvernichtungswaffen zu verhindern.«[125] Dieses gute Ziel verliert an Glaubwürdigkeit, weil Deutschland seit vielen Jahren zu den größten Waffenexporteuren der Welt zählt und auch Waffen in Krisenregionen liefert. So genehmigte Deutschland im Oktober 2022 Waffenlieferungen an Saudi-Arabien, um ein aktuelles Beispiel zu nennen.[126] Die Journalistin Frauke Suhr schreibt über Waffenexporteure in Statista: »Deutschland zählt weiterhin zu den größten Waffenexporteuren der Welt. Das geht aus einem aktuellen Bericht des Stockholmer Friedensforschungsinstituts SIPRI hervor. Demnach sind die deutschen Ausfuhren von Rüstungsgütern im Zeitraum 2016 bis 2020 gegenüber dem Zeitraum von 2011 bis 2015 um 21 Prozent gestiegen. Der weltweit größte Exporteur von Waffen sind die USA. Wie die Statista-Grafik zeigt, gehen 37 Prozent der weltweiten Waffenexporte im Zeitraum 2016 bis 2020 von den Vereinigten Staaten aus. Auf Rang zwei steht Russland, gefolgt von Frankreich. 38 Prozent der deutschen Rüstungsexporte gehen an Länder in Asien und Ozeanien. 23 Prozent gehen an den Nahen Osten und 21 Prozent werden in europäische Länder exportiert. [...]«[127]

Aus diesen Gründen unterstütze ich die Forderungen der Internationalen Ärzt*innen für die Verhütung eines Atomkriegs (IPPNW), der Internationalen Kampagne zur Abschaffung von Atomwaffen (ICAN) und der deutschen Friedensbewegung. Die Bundesregierung muss Folgendes ernsthaft unterstützen und umsetzen: »Deeskalation und Abrüstung; den Beitritt Deutschlands zum Atomwaffenverbotsvertrag; den Einsatz für eine gemeinsame Sicherheit in Europa und den Abzug der US-Atombomben aus Büchel endlich auf den Weg zu bringen!«[128]

Aber es gibt auch eine ermutigende Reaktion auf Russlands Drohungen mit Atomwaffen. Auf dem G20-Gipfel auf Bali im November 2022 delegitimierten zum ersten Mal die Staaten der G20 Atomwaffen in einer gemeinsamen Erklärung, darunter die sechs Atomwaffenstaaten USA, Großbritannien, Frankreich, Indien, China und auch Russland (!).[129] In der Abschlusserklärung des G20-Gipfels in Indonesien vom 16. November 2022 wurde der Einsatz und die Drohung mit Atomwaffen als unzulässig verurteilt. In der Übersetzung der G20-Abschlusserklärung steht: »Der Einsatz oder die Androhung des Einsatzes von Atomwaffen ist unzulässig.«[130] Die Internationale Kampagne zur Abschaffung von Atomwaffen (ICAN) schreibt dazu: »Diese Wortwahl ist inhaltlich und fast auch wörtlich deckungsgleich mit der Abschlusserklärung der ersten Vertragsstaatenkonferenz des Atomwaffenverbotsvertrags (AVV). Daran zeigen sich zwei Aspekte: Erstens: Die normative Kraft des AVV wirkt auch in politischen Foren außerhalb des Vertrags. Die rechtliche Norm des AVV hat eine politische Erwartungshaltung geschaffen, welche jetzt das Verhalten der G20 beeinflusst hat. Damit wird das nukleare Tabu gestärkt und ein atomarer Konflikt unwahrscheinlicher. Zweitens: Der AVV ist eine gute sicherheitspolitische Antwort auf die russischen Atomwaffendrohungen. Durch die Erklärungen der AVV Staaten sowie der G20 steht Russland wegen seiner Drohungen mit Atomwaffen diplomatisch sehr isoliert da.«[131]

Auf den Kopf gestellt

Nach Beginn des Angriffskrieges Russlands auf die Ukraine haben sich in kürzester Zeit in vielen Ländern des globalen Nordens, insbesondere in der Europäischen Union und ganz besonders in Deutschland, einige grundlegende Wertorientierungen in den Denkmustern der Bevölkerungen radikal verändert – sie wurden regelrecht auf den Kopf gestellt. Anders formuliert: Durch politische Parteien wurden lange Zeit gültige gesellschaftliche Konsense aufgelöst und durch politische Um- oder Neuorientierungen ersetzt, die bislang als falsch galten. die aber als neue gesellschaftliche Konsense bewertet werden dürfen, weil sie Mehrheiten hinter sich haben. Es stellt sich die Frage: Ist vieles heute auf einmal richtig, was gestern noch als falsch galt? Ich beschränke meine Eingangsthese in diesen Kapitelabschnitt überwiegend auf das Handeln deutscher Politikerinnen und Politiker.

Über viele Jahrzehnte wollten Bundesregierungen nicht allzu viel Geld für die Landesverteidigung durch die Bundeswehr ausgeben. Das hat sich radikal geändert: So wurde durch Bundeskanzler Olaf Scholz unter breiter Zustimmung aller Parteien ein sogenanntes Sondervermögen von 100 Milliarden Euro zur Stärkung der Bundeswehr am 3. Juni 2022 vom Deutschen Bundestag beschlossen. Auch das lange Zeit für nicht richtig gehaltene von der NATO geforderte »Zwei-Prozent-Ziel« des jährlichen Bruttoinlandsprodukts für die Bundeswehr soll nun ab 2024 eingehalten werden.[132]

Erstaunlich ist die Wandlung der Partei Bündnis 90/Die Grünen: Sie ist nahezu uneingeschränkt für die Aufrüstung Deutschlands durch das sogenannte Sondervermögen von 100 Milliarden Euro zur Stärkung der Bundeswehr, für die Einhaltung des

»Zwei-Prozent-Ziels« und sie fordern immer wieder schwere Waffen aus Deutschland für die Ukraine, womit sich selbst Bundeskanzler Scholz, die SPD und sogar die NATO-Länder zurückhalten. Sie halten sich deshalb zurück, um nicht in den Verdacht zu gelangen, von Putin bzw. dem Kreml als Kriegspartei eingestuft zu werden.

Ich kann nachvollziehen, dass die deutsche Bundeswehr über eine intakte Ausrüstung verfügen muss und dafür die finanziellen Mittel aufgestockt werden sollen. Aber dafür 100 Milliarden Euro auszugeben und ab 2024 zwei Prozent vom Bruttoinlandsprodukt für die Bundeswehr auszugeben, das ist in unserer Welt, die sich aufgrund der weltweit 12.705 vorhandenen Atomwaffen mehrfach vernichten könnte und einer NATO, die auch, was die Ausstattung mit konventionellen Waffen betrifft, Russland um ein Vielfaches überlegen ist, eine fahrlässige Verschwendung von Ressourcen und Volksvermögen. Viele werden mir widersprechen, aber die Verteidigung Deutschlands mit konventionellen Waffen darf nicht zwei Prozent jährlich vom Bruttoinlandsprodukt kosten. Stattdessen müssten jährlich mindestens zwei Prozent vom deutschen Bruttoinlandsprodukt für Maßnahmen gegen den Klimawandel und für die dringende Energiewende aufgewendet werden.[133]

Damit ist eine radikale Veränderung in der deutschen Politik eingetreten. Am Stärksten zeigt sie sich bei der Partei Bündnis 90/Die Grünen, die ihre Wurzeln in der Friedens- und Umweltbewegung der 1970er und 1980er-Jahre hat.

Aber ganz neu ist die Wandlung der Partei Bündnis 90/Die Grünen nicht: So stand der erste Grüne Außenminister Joschka Fischer im Jahr 1999 vor kriegsentscheidenden Fragen. Auf dem Sonderparteitag der Grünen in Bielefeld rechtfertigt er den ersten Auslandseinsatz der Bundeswehr im Kosovo mit Verweis »Nie wieder Auschwitz«. Im Jahr 1999 kommt es dann zum ersten Kriegseinsatz der Bundeswehr – und das unter der Verantwortung eines Grünen Außenministers, der mit der rot-grünen

Regierungsübernahme gerade erst ins Amt gekommen ist. Entsprechend aufgeheizt war damals die Stimmung beim Sonderparteitag in Bielefeld, wobei Joschka Fischer mit einen Farbbeutel voll roter Farbe beworfen wurde.[134]

Auch in der deutschen Energiepolitik wurde durch den Angriffskrieg Russlands auf die Ukraine eine drastische Kurskorrektur vollzogen. Vom Wegfall der Erdgaslieferungen aus Russland in die Europäische Union ist Deutschland besonders betroffen, weil es gut 55 Prozent Erdgas aus Russland bezogen hat (Stand: 2021). Konnten die weggefallenen Erdöl- und Kohlelieferungen aus Russland noch relativ leicht, aber mit viel höheren Kosten, durch andere Länder ersetzt werden, so wurden für den Ersatz russischen Erdgases Maßnahmen ergriffen, die lange Zeit geradezu als »nicht denkbar« eingestuft wurden. Nun soll Flüssiggas (LNG = Liquefied Natural Gas – verflüssigtes Erdgas) aus Katar, Australien, Kanada, USA, Kasachstan, Turkmenistan und Aserbaidschan im großen Stil nach Deutschland und in andere Länder der Europäischen Union gelangen, um das nicht mehr zur Verfügung stehende russische Erdgas möglichst vollständig zu ersetzen. Das war so »nicht denkbar«, denn LNG sollte in der Europäischen Gemeinschaft, aber ganz besonders in Deutschland, nur als Ergänzung im Mix aus fossilen Energieträgern in Betracht gezogen werden, also nicht als Ersatz für das Pipelinegas aus Russland. So wird LNG schon etwas länger in Deutschland als Ersatz für Dieseltreibstoff für LKW eingesetzt und auch gefördert. Anzumerken ist, dass das LNG aus den USA und Australien überwiegend Fracking-Gas ist. LNG aus den USA mit hohem Fracking-Anteil ist mehr als 6-mal und das aus Australien rund 7,5-mal klimaschädlicher als Pipeline-Gas aus Norwegen.[135] Um LNG verstärkt in Deutschland zu nutzen, werden seit dem Jahr 2022 6 LNG-Terminals gebaut. In Europa gibt es bereits 38 LNG-Terminals und 32 Terminals sind in Planung.[136] LNG wird produziert, indem Erdgas auf minus 162 Grad Celsius heruntergekühlt wird. Dadurch wird das Erdgasvolumen um das 600-fache reduziert und das Erdgas verändert seinen Aggregatzustand von gasförmig auf flüssig. Im flüssigen Zustand lässt es sich gut transportieren und lagern. Das LNG soll in Zukunft überwiegend genauso eingesetzt werden, wie das bisherige Pipelinegas aus Russland, also für die Produktion von Strom und Wärme, als Kraftstoff, in der Metallindustrie, für die Glas- und Porzellanherstellung, für Kunststoffe, Arzneimittel und für die Düngemittelproduktion.

Über die »Umweltfreundlichkeit« von LNG schreibt Peter Carstens im GEO-Magazin: »Gas ist als fossiler Brennstoff, bei dessen Verbrennung CO_2 freigesetzt wird, nie klimafreundlich. Bei LNG kommt hinzu, dass der Prozess der Verflüssigung, die Kühlung beim Transport, der Transport selbst und die Regasifizierung am Import-Terminal sehr energieaufwändig sind. All das zusammengenommen macht LNG in der Regel klimaschädlicher als Erdgas, das über Pipelines transportiert wird. [...] Die Autor*innen einer Studie des Karlsruher Fraunhofer-Instituts für System- und Innovationsforschung resümieren: Die Gesamtemissionen von LNG seien in der Regel zwar geringer als die von erdöl- und kohlebasierten Energieträgern. ›Aus klimapolitischer Sicht und unter Energieeffizienzaspekten‹ sei aber ›ein verstärkter Einsatz von LNG insbesondere im Vergleich zu per Pipeline transportiertem Gas nicht begründbar.‹ Zudem könnten sich auch die geplanten Terminals selbst als Bremse beim Klimaschutz erweisen. Umweltverbände weisen darauf hin, dass die Infrastruktur mit einer Lebensspanne von drei bis fünf Jahrzehnten dazu beitragen könnte, den Umstieg auf 100 Prozent erneuerbare Energien zu verzögern. ›Zusätzliche Infrastruktur in Form von Pipelines oder LNG-Terminals würde unsere Abhängigkeit auf Jahrzehnte vergrößern und das fossile Zeitalter inmitten der Klimakrise völlig unnötig verlängern‹, sagt Sascha Boden, Referent für Energie und Klimaschutz bei der Deutschen Umwelthilfe (DUH).«[137] Trotz dieser berechtigten Einwände, LNG im großen Stil in Deutschland zu nutzen, hält die Bundesregierung entschlossen daran fest. Solange die geplanten LNG-Terminals in Deutschland nicht fertiggestellt sind, werden schwimmende Terminals für LNG als Übergang genutzt.

Was den eben schon angesprochenen Einsatz von LNG in Deutschland als Ersatz für Dieseltreibstoff für LKW betrifft, so ist auch hierfür eine schlechte Ökobilanz zu konstatieren. Das Öko-Institut und das ICCT (The International Council on Clean Transportation) haben die schlechte Ökobilanz in einer Studie im Auftrag des Umweltbundesamtes im Jahr 2020 nachgewiesen und schrieben in ihrer Zusammenfassung u. a.: »Der Großteil der Lkw, die mit verflüssigtem Erdgas fahren, verursacht ungefähr gleich viel Treibhausgase wie Diesel-Lkw. So entstehen je nach Antriebstechnologie der sogenannten LNG-Lkw (Liquified Natural Gas) zwischen 969 und 1.051 Gramm Treibhausgase pro Kilometer; ein Diesel-Fahrzeug verursacht fast 1.060 Gramm pro Kilometer.

Der Grund für die hohen Emissionen: Beim Verbrennen des Erdgases, aber auch beim Tanken und bei der Produktion des Flüssigerdgases entweicht Methan – ein Treibhausgas, das eine deutlich stärkere Wirkung auf das Klima besitzt als CO_2. […] ›Der vielzitierte, große Klimavorteil von LNG-Lkw und ihre Förderung als Brückentechnologie für einen klimafreundlichen Güterverkehr sind daher nicht länger haltbar‹, fasst Moritz Mottschall, Senior Researcher im Institutsbereich Ressourcen & Mobilität am Öko-Institut zusammen. […]«[138]

Die klimafreundlichere Alternative zu LNG wäre verflüssigtes Biomethan, also Bio-LNG. Nicht nur für den Lkw-Verkehr, sondern auch für die Schifffahrt. Es müsste in Deutschland stärker genutzt werden und könnte dazu beitragen, bis zu 7 Millionen Tonnen CO_2 zusätzlich bis zum Jahr 2030 einzusparen. Die Deutsche Energie-Agentur (DENA) hat die vielen Vorteile von Bio-LNG für den Straßengüter- und Schiffsverkehr in einer Studie aufgezeigt.[139]

Es müssten viele Alternativen zu LNG realisiert werden, denn mit der derzeitigen LNG-Strategie sind die deutschen und europäischen Klimaschutzziele aus dem Pariser Klimaabkommen nicht realisierbar. Anstatt in Deutschland und Europa die LNG-Infrastruktur weiter aufzubauen, müssten vielfältige Transformationen vorangetrieben werden, um Treibhausgase einzusparen. So müssten im großen Stil die Öl- und Gasheizungen in öffentlichen und privaten Gebäuden durch Wärmepumpen ersetzt werden. Die Wärmedämmung von Gebäuden müsste ebenfalls massiv vorangetrieben werden. In Deutschland und in fast allen Ländern Europas müssten drastische Geschwindigkeitsbegrenzungen auf den Autobahnen, Landstraßen und in den Städten durchgesetzt werden. Und es steht außer Frage, dass der öffentliche Personennah- und -Fernverkehr deutlich verbessert werden muss. Ganz besonders muss der Ausbau erneuerbarer Energien inklusive der Speicherung von Strom aus erneuerbaren Energien sowie der Ausbau der Stromübertragungsnetze vorangetrieben werden. Die Energiesparmaßnahmen in Deutschland aufgrund der Gaskrise, um Gas und Strom zu sparen, müssten aufgrund der Klimakrise dauerhaft gelten und könnten ohne Einschränkungen der Lebensqualität noch beträchtlich erweitert werden. [Im letzten Kapitel »Wünschenswerte Zukunfts- und Transformationsbilder in 95 Thesen« skizziere ich viele Möglichkeiten, Treibhausgasemissionen einzusparen, um die Klimaziele einzuhalten und die Ziele der nachhaltigen Entwicklung zu stärken.] Es ist zu konstatieren, dass das fehlende Pipelinegas aus Russland durch die angesprochenen realistischen Einsparpotentiale sowie der Ausnutzung bestehender Erdgasvorkommen in Norwegen und Italien für einige Jahre ersetzt werden kann, um dann durch erneuerbare Energien und grünen Wasserstoff ganz auf Erdgas (Pipelinegas und LNG) zu verzichten. Aber stattdessen wird die LNG-Infrastruktur ausgebaut. Vor dem Hintergrund der Gaskrise, die aus dem Angriffskrieg Russlands auf die Ukraine resultiert, zeigt sich das ambivalente Verhalten der Bevölkerungen und ihrer Politikerinnen und Politiker ganz besonders: Man will zwar die Klimaziele aus dem Pariser Klimaabkommen erreichen, aber nichts Wesentliches am bestehenden Fortschrittsmuster ändern, um spürbar Treibhausgasemissionen zu reduzieren und wirkliche Nachhaltigkeit zu realisieren. Dabei wäre dies für Europa besonders notwendig, weil es stärker als viele andere Regionen auf der Erde vom Klimawandel betroffen ist, was die Weltwetterorganisation (WMO) und das europäische Erdbeobachtungssystem Copernicus Anfang November 2022 in ihrem Klimazustandsbericht Europa darlegten. »Im Zeitraum 1991 bis 2021 sind demnach die Temperaturen in Europa durchschnittlich um 0,5 Grad pro Dekade gestiegen. Dabei steigen die Temperaturen in der Arktis und in nördlichen Breiten der Erde besonders schnell. Zudem erwärmt sich die Luft über Kontinenten im Schnitt rascher als über Ozeanen. Diese Entwicklung zeigt sich auch an den Wetterdaten für den abgelaufenen Oktober, es war der wärmste seit Beginn der Wetteraufzeichnung. Dazu verloren die Gletscher in den Alpen von 1997 bis 2021 rund 30 Meter ihrer Eisdicke. Auch der Eisschild Grönlands schmilzt und beschleunigt so den Anstieg des Meeresspiegels. ›Im Sommer 2021 kam es in Grönland dabei zu einer nie dagewesenen Eisschmelze und dem ersten jemals aufgezeichneten Regenfall an Grönlands höchstem Punkt, der Summit Station‹, heißt es in dem Bericht.«[140]

Die schwierige Neuausrichtung der Energiewende in Deutschland und fragmentarische Aspekte von Klimaschutzmaßnahmen in anderen Ländern

Die neue deutsche Bundesregierung hatte bis vor dem Angriffskrieg Russlands auf die Ukraine ein klares Konzept, um die Energiewende, also die Transformation von fossilen Energieträgern auf regenerative Energien voranzutreiben. Die regenerativen Energien Windkraft, Photovoltaik, Wasserkraft, Meeresenergie, Biomasse und Geothermie sollen bis zum Jahr 2030 rund 80 Prozent des benötigten Stroms in Deutschland liefern. Zudem soll der Ausbau von Solarthermie zur Erzeugung von Heizungswärme und zur Brauchwassererwärmung beschleunigt werden. Bis zum Jahr 2045 sollen 100 Prozent Strom aus regenerativer Energie erzeugt werden. Für wichtige Industriezweige, insbesondere für die Stahl- und Glasproduktion, für die chemische Industrie, für die Porzellanherstellung und für Automobile, Lastkraftwagen, Autobusse, Bahnverkehr, Schifffahrt, Flugzeuge u. a. soll zudem grüner Wasserstoff aus verschiedenen Ländern und Kontinenten (Spanien, Kasachstan, Chile, Kanada, Australien, Länder des Mittleren Ostens, insbesondere Saudi-Arabien, und zahlreiche Länder in Afrika) im großen Stil nach Deutschland importiert werden. Letzteres auch, um vorrangig das weggefallene Pipeline-Gas aus Russland zu ersetzen und später Gas komplett durch grünen Wasserstoff zu ersetzen, um das Ziel der Klimaneutralität bis zum Jahr 2045 zu erreichen.

Grüner Wasserstoff ist Wasserstoff, der durch Elektrolyse von Wasser CO_2-neutral, also durch regenerativ erzeugten Strom, z. B. Windkraft, Solarenergie und Wasserkraft, hergestellt wird. Als Elektrolyse wird der Herstellungsvorgang bezeichnet, der Wasser in seine Komponenten Sauerstoff und Wasserstoff aufspaltet. Weder die Herstellung noch die Endprodukte Wasserstoff und Sauerstoff sind deshalb umwelt- oder klimaschädlich, weshalb grüner Wasserstoff klimaneutral ist. Auf die Frage: Wie viel Strom wird benötigt, um 1 kg Wasserstoff im Elektrolyseverfahren herzustellen, schreibt das »Zentrum Wasserstoff. Bayern«: »Die benötigte Strommenge variiert je nach Betriebsmodus und Leistung des Elektrolyseurs und liegt in etwa zwischen 40 – 80 kWh/kg. Das entspricht ungefähr einem Wirkungsgrad von 80 – 40 %. Mit einem Kilogramm Wasserstoff kann ein Brennstoffzellenauto ca. 100 km zurücklegen.«[141] Ein Brennstoffzellenauto nutzt die zugeführte Energie des Wasserstoffs mit einem Wirkungsgrad von nur 27 Prozent aus. Ein Auto mit einem Benzinmotor hat nur einen Wirkungsgrad von 20 Prozent, aber ein Auto mit einem Elektromotor hat einen Wirkungsgrad von 64 Prozent.[142] Autos mit Dieselmotoren haben einen Wirkungsgrad von 35 bis weit über 40 Prozent.[143] Wasserstoff wird aber nur zu einem Teil für Automobile, Lastkraftwagen und Busse benötigt, sondern für viele weitere Anwendungen, die zum Teil beträchtliche Mengen an Energie benötigen, etwa in der Stahl- und Glasproduktion. Deshalb variieren je nach Anwendung die einzelnen Wirkungsgrade.

Um in Deutschland Klimaneutralität herzustellen, ist importierter grüner Wasserstoff noch für viele Jahre unabdingbar. Die gesamte benötigte Primärenergie, die Deutschland benötigt, kann in den nächsten Jahren oder Jahrzehnten nicht allein durch in Deutschland erzeugten regenerativen Strom bereitgestellt werden, weil dafür die Kapazitäten nicht ausreichen.

Wir wissen, dass aus vielen Ländern grüner Wasserstoff nach Deutschland geliefert werden soll und zum Teil auch heute schon geliefert wird. Und wir wissen auch, dass es sich bei einigen dieser Länder zum Teil um harte Autokratien handelt, mit denen Deutschland und viele Länder des globalen Nordens nicht nur Geschäfte im Energiebereich machen. Es darf leider bezweifelt werden, dass beim Import von grünem Wasserstoff die Importländer die Kriterien ernst nehmen, wie sie der Bund für Umwelt und Naturschutz Deutschland e.V. (BUND) zu Recht fordert: »[...] Grundsätzlich ist der Import von grünem Wasserstoff aus BUND-Sicht nur dann legitim, wenn dabei strenge Nachhaltigkeitskriterien eingehalten werden und dies durch Herkunftsnachweise belegt wird. Dazu gehört insbesondere, dass vor Ort keine Nutzungskonflikte um den Wasser- und Flächenverbrauch entstehen: Zum Beispiel sollte ein lokaler Bedarf nach solaren Entsalzungsanlagen nicht mit einer ebenfalls solaren Wasserstoffproduktion konkurrieren müssen. Außerdem müssen erneuerbare Energien zuerst zur Verdrängung von Kohle, Gas und Öl im Erzeugerland dienen, weil das für den Klimaschutz zweifelsfrei vorteilhafter ist. [...]«[144]

Um die ambitionierten Ziele für die Energiewende in Deutschland zu realisieren, spielte preiswertes Pipeline-Gas aus Russland als Brückenenergie eine dominierende Rolle. Es sollte die Energielücke schließen, die sich aus der Abschaltung aller Atomkraftwerke, Braun- und Steinkohlekraftwerke zur Stromversorgung ergeben.

Die letzten deutschen Atomkraftwerke wurden Mitte April 2023 abgeschaltet. Die Braunkohlekraftwerke im Rheinischen Revier sollen im Jahr 2030, die in Mittel- und Ostdeutschland sollen nach den Plänen der Partei Bündnis 90/Die Grünen auch im Jahr 2030, müssen aber spätestens Ende 2038 abgeschaltet werden. Die letzten deutschen Steinkohlekraftwerke müssen Ende 2038 abgeschaltet werden. Das wurde im Kohleausstiegsgesetz am 3. Juli 2020 von Deutschen Bundestag festgelegt.[145]

Nun muss das weggefallene Pipeline-Gas aus Russland ersetzt werden, um in Deutschland die enorme Abhängigkeit vom Erdgas für die Haushalte und für die viertgrößte Industrienation der Welt auszugleichen. Als Ersatz wird, wie schon oben ausgeführt, stark auf LNG gesetzt, das aber sehr viel klimaschädlicher als das russische Pipeline-Gas ist. Ebenso wurden bereits stillgelegte Stein- und Braunkohlekraftwerke hochgefahren und für Steinkohlekraftwerke Laufzeitverlängerungen vereinbart, um die beträchtliche Lücke des weggefallenen russischen Pipeline-

Gases für die Stromproduktion zu ersetzen. Dadurch wurde das ursprüngliche Energiewende-Konzept der Ampelkoalition zur Makulatur. Durch die stärkere Verbrennung von LNG und dem Hochfahren bereits stillgelegter Kohle- und Braunkohlekraftwerke wird in den nächsten Jahren in Deutschland wahrscheinlich mehr CO_2 zur Stromerzeugung emittiert, als in den Jahren davor. Die Denkfabrik Agora Energiewende bestätigt meine Einschätzung. Nach Berechnungen der Denkfabrik hat Deutschland im Jahr 2022 seine Klimaziele erneut verfehlt. Besonders in den Bereichen Verkehr und Gebäude muss und kann viel mehr CO_2 eingespart werden, aber hier klafft eine große Lücke.[146] Agora Energiewende schreibt u. a. »[...] Die Rückkehr der Kohle macht Energiespareffekte zunichte und lässt die Emissionen 2022 mit 761 Millionen Tonnen CO_2-Äquivalente auf Vorjahresniveau stagnieren. Teils schmerzhafte Energiesparmaßnahmen und Produktionsrückgänge senkten zwar den Primärenergieverbrauch um 4,7 Prozent; gleichzeitig steigert jedoch der kriegsbedingte fuel switch weg vom Erdgas und hin zu Kohle und Öl die Emissionen. Der Verkehrs- und der Gebäudesektor verpassen ihre Sektorziele erneut. In Summe verfehlt Deutschland damit das 2022-Reduktionsziel von 756 Millionen Tonnen CO_2-Äq. Durch sonnige und windreiche Witterung wächst der Anteil der Erneuerbaren Energien am Bruttostromverbrauch von 41,0 Prozent 2021 auf 46,0 Prozent 2022. Dieser Rekord ist kein klimapolitischer Erfolg: Die Ausbaukrise der Windenergie an Land hält an, der Zubau erreicht lediglich zwei Gigawatt. Insgesamt waren neun von zehn Wind- und Solar-Ausschreibungen 2022 unterzeichnet, sodass der Zubau auch in den kommenden Jahren hinter den Erfordernissen zurückzubleiben droht. Die 2022 beschlossenen Beschleunigungsmaßnahmen reichen nicht aus, um das Ziel von 80 Prozent Erneuerbaren Energien am Bruttostromverbrauch bis 2030 zu erreichen. [...]«[147] Dadurch wird es noch viel dringlicher, den sehr schleppenden Ausbau von regenerativen Energien in Deutschland, insbesondere der Windkraft, resultierend aus den letzten Jahren der Merkel-Regierung unter dem Wirtschaftsminister Peter Altmeier zum Erreichen der Energiewende-Ziele voranzutreiben. Wegen des schlechten Ausbaus der Windkraftenergie unter dem Wirtschaftsminister Peter Altmeier wird von einer »Altmeier-Delle« gesprochen.[148] Die Energiewende musste also völlig neu ausgerichtet werden und führt mit hoher Wahrscheinlichkeit dazu, dass in Deutschland einige Jahre viel weniger CO_2 eingespart werden wird, als eingeplant.

Mitte des Jahres 2022 wurden 48,5 Prozent des deutschen Stroms aus regenerativen Energiequellen erzeugt. Davon 25,7 Prozent aus Windkraft, 11,2 Prozent aus Photovoltaik und 11,6 Prozent aus anderen regenerativen Energiequellen. Um 80 Prozent des Stroms aus regenerativen Energiequellen bis zum Jahr 2030 zu erzeugen, müssten jährlich ab dem Jahr 2023 mindestens 7,5 Gigawatt pro Jahr an regenerativen Energiequellen ausgebaut werden. Dabei soll der Ausbau der Windkraft in Deutschland den Hauptanteil ausmachen, wofür 2 Prozent der Fläche Deutschlands genutzt werden sollen. Bei den 2 Prozent der Fläche Deutschlands sollen auch Landschaftsschutzgebiete für Windkraftanlagen genutzt werden, aber keine Naturschutz- und FFH-Gebiete (Fauna-Flora-Habitat-Gebiete). Das Ausbauziel für Offshore-Windanlagen in der Nord- und Ostsee soll bis zum Jahr 2030 auf mindestens 30 Gigawatt steigen. Im Jahr 2035 sollen mindestens 40 Gigawatt und bis zum Jahr 2045 mindestens 70 Gigawatt erreicht werden.[149] Zum Vergleich, um die Größenordnung bzw. Leistungsfähigkeit der Offshore-Windanlagen einschätzen zu können: Die Mitte April 2023 abgeschalteten letzten deutschen Atomkraftwerke Isar 2 (Betreiber: Stadtwerke München und PreussenElektra), Emsland (Betreiber: RWE und PreussenElektra) und Neckarwestheim 2 (Betreiber: EnBW) haben zusammen eine Leistungsfähigkeit von knapp 4,3 Gigawatt pro Jahr.[150]

In naher Zukunft muss Strom aus regenerativer Energie viel stärker für Elektroautos, Heizungen (Wärmepumpen) und für die Industrie zur Verfügung stehen. Sie muss also die bisherigen fossilen Energieträger Kohle, Öl und Gas bis zum Jahr 2045 möglichst vollständig ersetzen. Um also die Energiewende bis zum Jahr 2045 zu realisieren, benötigt Deutschland das Vielfache an regenerativer Energie als heute, wozu ich natürlich auch den grünen Wasserstoff zähle. Wieviel mehr regenerative Energie als heute dafür erzeugt werden muss, das konnte ich nicht exakt ermitteln, weil die Angaben der wissenschaftlichen Institute zu sehr schwanken, aber es ist eine gewaltige Summe. Wahrscheinlich wird sich der Nettostromverbrauch in Deutschland bis zum Jahr 2045 exorbitant gegenüber dem Jahr 2021 erhöhen. Im Jahr 2021 lag der Nettostromverbrauch in Deutschland bei 508 Terawattstunden.[151] »Der Begriff Nettostromverbrauch bezeichnet die vom Verbraucher genutzte elektrische Arbeit nach Abzug des Eigenbedarfs der Kraftwerke und der Übertragungs- bzw. Netzverluste.«[152]

Nur durch einen wirklich gigantischen Zuwachs regenerativer Energien wäre das Ziel der Klimaneutralität (Treibhausgasneutralität) in Deutschland erreichbar. Über die Treibhausgasneutralität bis zum Jahr 2045 schreibt die Bundesregierung: »[...] Für das Jahr 2040 gilt ein Minderungsziel von mindestens 88 Prozent. Auf dem Weg dorthin sieht das Gesetz in den 2030er-Jahren konkrete jährliche Minderungsziele vor. Bis zum Jahr 2045 soll Deutschland Treibhausgasneutralität erreichen: Es muss dann also ein Gleichgewicht zwischen Treibhausgas-Emissionen und deren Abbau herrschen. Nach dem Jahr 2050 strebt die Bundesregierung negative Emissionen an. Dann soll Deutschland mehr Treibhausgase in natürlichen Senken einbinden, als es ausstößt. Ein Beschluss des Bundesverfassungsgerichts verpflichtet den Staat, aktiv vorzubeugen, so dass es in Zukunft nicht zu unverhältnismäßigen Einschränkungen der Freiheitsgrundrechte der heute jüngeren Menschen kommt.«[153]

Neben den veränderten Rahmenbedingungen für die Energiewende in Deutschland durch das weggefallene Pipeline-Gas aus Russland kommen für den Ausbau regenerativer Energien auch ökologische Probleme und der Widerstand aus der Bevölkerung, insbesondere gegenüber dem Ausbau von Windkraftanlagen, hinzu. Der Ausbau von Windkraftanlagen in Deutschland wird durch gut vernetzte Anti-Windkraft-Vereine stark verzögert und zum Teil auch partiell verhindert. Anti-Windkraft-Vereine verzögern und verhindern den Windkraft-Ausbau meiner Meinung nach höchst ambivalent. Einerseits wollen die dahinterstehenden Menschen, dass Deutschland seine Klimaziele erreicht, andererseits verhindern sie den Ausbau von Windkraftanlagen. Nur in ganz wenigen Fällen ist der Ausbau einer Windkraftanlage wirklich ökologisch bedenklich und sollte verhindert werden. Aber in den langwierigen Genehmigungsverfahren für Windkraftanlagen werden nahezu alle möglichen ökologischen Probleme an den Standorten der Windkraftanlagen sehr streng überprüft. Überdies wollen auch die meisten Menschen aus den Anti-Windkraft-Vereinen, dass Deutschland nicht deindustrialisiert wird und zukunftsfähige Arbeitsplätze behält und schafft, zum Beispiel durch Arbeitsplätze für die Energiewende. Andererseits verhindern sie diese Entwicklung, weil sie den Ausbau von Windkraftanlagen in ihrer Umgebung letztendlich nicht wollen. Der Politikwissenschaftler Peter-Georg Albrecht hat die Einstellungen von umweltengagierten Menschen in Deutschland untersucht. Er kam zu dem verblüffenden Ergebnis, das folgendermaßen in seinem Buch zusammengefasst wird: »Kein Zwang bitte! Das zentrale Ergebnis der qualitativen Magdeburger Untersuchung zum Wirtschafts- und Demokratie- und Staatsverständnis von Umweltengagierten verblüfft, werden die Durchsetzungsmöglichkeiten nachhaltiger Politikziele doch aktuell intensiv diskutiert. Die vorliegende komparativ-analytische und methodenkritische Interviewstudie ergänzt die Erkenntnisse vorhandener Studien über Engagementpotenziale für den Umweltschutz und umweltpolitische Einstellungen um vielfältige Details zu den Einstellungen von Umweltengagierten zu Umweltcourage und Umweltpolitik.«[154] Hinzu kommt, dass noch immer viel zu lange Genehmigungsverfahren auch nach dem Antritt der neuen Ampel-Koalition den Ausbau von Windkraftanlagen stark verzögern und dass für einen zügigen Ausbau in den nächsten Jahren auch ein Mangel an Fachkräften nicht auszuschließen ist. Das sagte auch Frank Umbach, der Forschungsleiter des Europäischen Clusters für Klima-, Energie- und Ressourcensicherheit gegenüber dem ZDF: »In der Umsetzung gibt es ganz erhebliche Probleme, sagt Umbach, ›weil wir schlichtweg nicht die Anzahl der Handwerker haben.‹ ›Umbach bezweifelt deshalb, dass das Zwischenziel der Politik für 2030 – die Leistung der Windkraft von 56 Gigawatt auf 115 Gigawatt anzuheben – zu erreichen ist. Auch wenn der politische Wille da sei: Die praktische Umsetzung sei eine gigantische Herausforderung.‹ ›Und noch ein Problem existiert weiter: Auch wenn Planungsverfahren beschleunigt und Einspruchsmöglichkeiten von Bürgern und Kommunen eingeschränkt werden – der Widerstand von Bürgerinitiativen auf kommunaler Ebene bleibt.‹ «[155]

Die unabhängige Umwelt-, Entwicklungs- und Menschenrechtsorganisation Germanwatch, CAN International und das NewClimate Institute veröffentlichen den Climate Change Performance Index (CCPI) 2023 (Klimaschutz-Index 2023).[156] Der CCPI wird schon seit dem Jahr 2005 veröffentlicht. Im CCPI 2023 wurden die Klimaschutzbemühungen von 59 Ländern und der Europäischen Union gemessen und detailliert bewertet. Darüber schreibt Germanwatch einführend: »Im diesjährigen Klimaschutz-Index (CCPI 2023) erreicht Dänemark die beste Platzierung. Auch im diesjährigen Index schneidet kein Land in allen Indexkategorien gut genug ab, um eine ›sehr gute‹ Bewertung im Gesamtranking zu erreichen. Daher bleiben die ersten drei Ränge in der Gesamtwertung leer. In der Gesamtrangliste folgen auf Dänemark Schweden (Platz 5) und Chile (Platz 6).

Der CCPI bewertet die einzelnen Länder in vier Bereichen: Treibhausgasemissionen (40% der Gesamtwertung), Erneuerbare Energie (20%), Energieverbrauch (20%) und Klimapolitik (20%). Zudem wird die Frage beantwortet, inwieweit das jeweilige Land in den Bereichen Treibhausgasemissionen, Erneuerbare Energien und Energieverbrauch adäquat handelt, um die Pariser Klimaziele erreichen zu können. Das Alleinstellungsmerkmal des CCPI liegt in den Indikatoren zur Klimapolitik. Die Bewertung der nationalen und internationalen Klimapolitik der einzelnen Länder im CCPI ist nur möglich aufgrund der kontinuierlichen Unterstützung und der Beiträge von rund 450 ExpertInnen für Klima- und Energiepolitik.«[157] Im CCPI 2023 ist Deutschland um 3 Ränge auf Rang 16 zurückgefallen. Die Expertinnen und Experten kritisieren u. a., das Deutschland zwar spezifische jährliche Reduktionsziele für seine Treibhausgasemissionen hat, aber die jüngste Energiekrise gezeigt hat, dass diese Politik nicht robust genug ist, weil Deutschland plant, in alternative fossile Brennstoffquellen und neue LNG-Infrastruktur zu investieren, um den Mangel an russischem Gas auszugleichen. Die Expertinnen und Experten kritisieren die Reaktion Deutschlands auf die Energiekrise, indem es mit Ländern wie dem Senegal zur Erschließung neuer Gasreserven und Kolumbien zur Förderung zusätzlicher Kohle zusammenarbeitet. Sie fordern eine Regierungspolitik, die den Ausstieg aus allen fossilen Brennstoffen beschleunigen, die Subventionen für fossile Brennstoffe beenden und den Einsatz erneuerbarer Energien forcieren soll. Im CCPI 2023 wird zudem deutlich gemacht, dass Deutschland weiterhin zu den neun Ländern zählt, die für 90 Prozent der weltweiten Kohleproduktion verantwortlich sind, was unvereinbar mit dem 1,5 Grad-Ziel des Pariser Klimaabkommens ist. Der Verkehrssektor ist nach wie vor der Sektor mit den geringsten Emissionsreduktionen in Deutschland. Die Expertinnen und Experten fordern daher stärkere Regulierungen, Tempolimits auf Autobahnen und mehr Unterstützung für den öffentlichen Nahverkehr. In der Landwirtschaft, so die Expertinnen und Experten, sind die Tierproduktion und der Anbau auf Torfböden die Hauptverursacher von Emissionen. Die Regierung hat kürzlich eine Strategie zur Wiedervernässung von Torfböden vorgestellt, die derzeit als Grünland und Ackerland genutzt werden. Aber die derzeitigen Maßnahmen zur Wiedervernässung von Torfböden sind noch nicht ausreichend. Auch gibt es keinen Plan, um die hohen Tierbestände zu reduzieren. Die Gemeinsame Agrarpolitik wurde zwar überarbeitet, aber der Mangel an deutlichen Fortschritten wird kritisiert. Deutschland sei ein fortschrittlicher Akteur in den Klimaverhandlungen und erhält deshalb eine hohe Bewertung in der internationalen Klimapolitik. Dennoch wünschen sich die CCPI-Expertinnen und -Experten, dass Deutschland eine noch ambitioniertere Rolle in der Klimapolitik einnehmen sollte.[158]

Im CCPI 2023 rangieren die zehn größten Wirtschaftsnationen auf den folgenden Rängen im Kampf gegen den Klimawandel: USA 52, China 51, Japan 50, Großbritannien 11, Indien 8, Frankreich 28, Italien 29, Kanada 58, Südkorea 60, Russland 59, Australien 55.[159] Die 27 Länder der Europäischen Union befinden sich auf Rang 19. Praktisch unternimmt kein Land der Weltgesellschaft genug, um die drohende Klimakatastrophe bzw. eine Erderwärmung von deutlich mehr als 1,5 Grad bis hin zu 2,7 Grad (siehe Seiten 21-22) gegenüber dem vorindustriellen Niveau zu verhindern. In fast allen Ländern der Weltgesellschaft wird nicht um jedes Zehntelgrad Minderung an Erderwärmung gekämpft. Übrigens müsste genau genommen, um jedes Hundertstelgrad Minderung an Erderwärmung gekämpft werden, weil auch durch kleinste Zuwächse an Erderwärmung die Schäden für alles Leben auf der Erde extrem kontingent sind.

Um das Ziel des Pariser Klimaabkommens zu erreichen, sind die USA und China die wichtigsten Länder, weil sie mehr als 40 Prozent der weltweiten Treibhausgasemissionen verursachen. Aber stattdessen gab es aus den USA auf der Weltklimakonferenz 2022 (COP27) nur die Ankündigung von Joe Biden, dass die USA bis zum Jahr 2030 ihre Treibhausgasemissionen um mehr als 50 Prozent im Vergleich zum Jahr 2005 reduzieren wollen. Selbst wenn dieses Ziel erreicht würde, wäre es von Seiten der USA viel zu wenig, um wirksam gegen den Anteil an Erderwärmung vorzugehen, den sie als größte Industrienation der Welt hat. Was China betrifft, so ist es richtig, dass kein anderes Land so große Kapazitäten an Photovoltaik und Windkraft aufgebaut hat und noch immer aufbaut. Aber China baut seit vielen Jahren auch die Kohleverstromung rasant aus. Matthias Janson schreibt für »Statista« dazu: » […] Laut Global Coal Plant Trackers hat China seine Kohle-Kapazitäten durch den Bau neuer Kraftwerke zuletzt wieder erweitert - wenngleich auch insgesamt mit abnehmender Tendenz. Wegen der globalen Energiekrise lässt die Volksrepublik China Medienberichten zufolge ihre Kohlekraftwerke derzeit auf Hochtouren laufen. Damit sich der Energieengpass des vergangenen Jahres nicht wiederholt, will China in diesem Jahr mehr Kohle verbrauchen. Die Belastung für das Klima ist beträchtlich: Der Kohleverbrauch des Landes ist seit 1965 um mehr als das Sechzehnfache angestiegen. Er liegt 2019 bei 81,7 Exajoule […]. Zum Vergleich: Der Kohleverbrauch von Deutschland belief sich im Jahr 2019 auf 2,3 Exajoule. Mehr als die Hälfte des globalen Kohleverbrauchs geht auf das Konto Chinas.«[160] Auch Indien mit der seit Ende April 2023 größten Bevölkerung weltweit setzt weiter stark auf Kohleverstromung, um für seine riesige Bevölkerung die Energie zur Verfügung zu stellen, die es für seine weitere Industrialisierung benötigt, um viele hundert Millionen Menschen aus der Armut zu befreien. Natürlich ist Indien auch dabei, den materiellen Lebensstandard für die wachsende Mittelschicht weiter zu verbessern. Aber können wir in den reicheren Ländern des globalen Nordens den ärmeren Ländern des globalen Südens vorwerfen, dass sie zu wenig gegen die Erderwärmung unternehmen? Können wir ihnen vorwerfen, ihre Industrialisierung in ähnlicher Weise voranzutreiben, wie wir es seit der ersten industriellen Revolution *bis heute* praktizieren? Können wir ihnen vorwerfen, dieselben Konsummuster haben zu wollen wie wir, wo wir doch Bekleidung, Schuhe, Einrichtungsgegenstände, Autoteile, Nahrungs- und Arzneimittel und vieles mehr in ihren Ländern produzieren lassen und diese den Menschen auch dort durch Marketingstrategien suggerieren und über den Handel verkaufen? Meine Antwort: Ein eindeutiges Nein mit Ausnahme von China, der zweitgrößten Industrienation der Welt. Auf den Klimakonferenzen tritt China seit vielen Jahren ganz bewusst als sogenanntes »Entwicklungsland« auf, obwohl diese Einstufung schon lange nicht mehr gültig ist. Sie erfolgte im Jahr 1992 in der Klimarahmen-Konvention der Vereinten Nationen und garantiert China bis heute den Status eines »Nehmerlandes«. Dadurch entzieht sich China seit Jahren den Verpflichtungen gegenüber den von den Folgen des Klimawandels heimgesuchten Entwicklungsländern, obwohl es selbst massiv zur Erderwärmung beiträgt. Auch auf der Weltklimakonferenz des Jahres 2022, der COP27, bestand China darauf, im internationalen Klimaschutz weiter als Entwicklungsland behandelt zu werden. Aus diesen Gründen sind nicht Länder wie Indien, Pakistan, Bangladesch, Indonesien, Mexiko, Nigeria, Äthiopien und andere Länder des globalen Südens gefordert, mehr gegen die Erderwärmung zu unternehmen, sondern alle Länder des globalen Nordens und China. Sie müssen selbst viel mehr gegen die Erderwärmung unternehmen und die Länder des globalen Südens bei Maßnahmen gegen die Erderwärmung massiv unterstützen. Darüber hinaus müssen sie für die klimabedingten Schäden, die sie durch ihre Treibhausgasemissionen in den letzten Jahrzehnten und Jahrhunderten dort angerichtet haben, sehr viel mehr zahlen. Letzteres wird immer wieder auf den UN-Klimakonferenzen gefordert, aber nur teilweise und zögerlich von den Ländern des globalen Nordens eingehalten.

Die Länder des globalen Nordens würden von einer deutlichen Steigerung der Klimaschutzmaßnahmen in den Ländern des globalen Südens enorm profitieren, weil dort mit viel weniger Dollars oder Euros erhebliche Mengen an Treibhausgasemissionen eingespart werden können. So könnten die Länder des globalen Nordens zu den dringend erforderlichen Maßnahmen zum Klimaschutz in ihren eigenen Ländern, auch auf den drei Kontinenten des globalen Südens wirksamer als bislang dazu beitragen, dass insbesondere die CO_2-Emissionen global reduziert werden. Wie wichtig die Reduzierung von CO_2 aus der Erdatmosphäre ist, verdeutlichen die Messungen des Mauna Loa Observatorium auf Hawaii. Es ist die Referenzstation für die Messung von Kohlendioxid (CO_2). Die NOAA (National Oceanic and Atmospheric Administration) und die Scripps Institution of Oceanography führen von dieser Station, die an den Hängen des Vulkans Mauna Loa liegt, unabhängige Messungen durch. Der vom Mauna Loa Atmospheric Baseline Observatory der NOAA gemessene Kohlendioxidgehalt erreichte im Mai 2022 mit 421 Teilen pro Million seinen Höchststand und drängte die Atmosphäre weiter in ein Gebiet, das seit Millionen von Jahren nicht mehr gesehen wurde, gaben Wissenschaftler der NOAA und die Scripps Institution of Oceanography an der University of California San Diego bekannt.[161]

Zum Schluss dieses Kapitels noch drei Feststellungen:
Erstens: Der Angriffskrieg Russland auf die Ukraine hat die politischen Aktivitäten für den Klimaschutz weltweit stark zurückgedrängt. Sehr negativ kommt hinzu, dass dieser Krieg bislang selbst dazu beiträgt, die Erderwärmung zu beschleunigen. Er trägt nämlich dazu bei, dass das der Weltgesellschaft zur Verfügung stehende restliche CO_2-Budget, um das 1,5 Grad-Ziel oder zumindest das 2,0 Grad-Ziel zu erreichen, schneller verbraucht wird. So hat in der Folge des Angriffskrieges Russlands auf die Ukraine Russland riesige Mengen an Erdgas abgefackelt, anstatt sie über Pipelines nach Deutschland zu leiten.[162] Dann gab es

am 26. September 2022 einen Anschlag auf die Nord-Stream-Pipelines. Dabei wurden mehrere Sprengungen vorgenommen. Beide Stränge von Nord Stream 1 wurden zerstört, und einer von zwei Strängen von Nord Stream 2. Die Nord-Stream-Pipelines liegen am Grund der Ostsee und dienen dem Transport von Erdgas von Russland nach Deutschland.[163] Aus der Ostsee trat dann massiv das russische Pipeline-Gas aus. Über die Auswirkungen der Pipeline-Anschläge für die Ostsee und die Erderwärmung schrieb das Handelsblatt: »[...] Die Präsidentin der Nationalen Akademie der Wissenschaften in den USA, Marcia McNutt, spricht von einer ›beispiellosen Freisetzung von fossilem Methan in einer sehr kurzen Zeit aus einer konzentrierten Quelle‹. [...] Methan führt zu einer raschen Erderwärmung. Die Tatsache, dass es schneller wieder aus der Atmosphäre verschwindet als Kohlenstoffdioxid sei ›vermutlich ein schwacher Trost für die Menschen in Florida und andernorts, die bereits von häufigeren und tödlicheren tropischen Stürmen betroffen sind, aufgeladen von einem durch Treibhausgase in der Atmosphäre überhitzten Meer‹, erklärte McNutt. Was die Schätzung der Gesamtschäden angeht, herrscht noch Unklarheit. Doch Forscher warnen, dass die riesigen Schadstofffahnen des starken Treibhausgases erhebliche negative Folgen für das Klima haben werden. Sie befürchten zudem unmittelbare Schäden für die Tier- und Pflanzenwelt in der Ostsee und die Gesundheit der Menschen, da Erdgas typischerweise Benzol und andere Spurengase enthält. Mittlerweile soll aus Nord Stream 1 und 2 offenbar kein Gas mehr austreten. Der Klimaforscher Rob Jackson spricht vom ›vermutlich größten Gasleck aller Zeiten‹«.[164] Durch den Krieg in der Ukraine steigt auch der CO_2-Verbrauch durch militärische Aktivitäten in der Ukraine, aber auch durch das seit Jahren festzustellende militärische Rüsten in vielen Ländern (siehe auch Seite 48). Innerhalb der Ukraine werden durch Russland auch Ölraffinerien, Tankstellen, Chemiefabriken und die kritische Infrastruktur bombardiert und in Brand gesetzt.

Dadurch wird nicht nur sehr viel CO_2 emittiert, sondern auch die Umwelt durch eine Vielzahl giftiger Substanzen dauerhaft geschädigt, was für viele Menschen, Tiere und Pflanzen in der Ukraine ganz sicher schwerwiegende Folgen haben wird.

Sehr schwerwiegende und weitreichende Folgen für Menschen, Tiere und Umwelt hat die Zerstörung des Kachowka-Staudamms durch eine Explosion am 6. Juni 2023 aufgrund der russischen Invasion in der Ukraine. Der zerstörte Staudamm liegt am Fluss Dnipro. Er bildete den Kachowkaer Stausee im Unterlauf des Flusses. »Durch den Dammbruch kam es zu großflächigen Überschwemmungen flussabwärts. Zum Zeitpunkt seiner Zerstörung befand sich der Staudamm – wie auch regional die Gebiete links des Stausees und Flusses – unter russischer Kontrolle; der Pegelstand im 18 Milliarden Kubikmeter Wasser fassenden Stausee lag zum Zeitpunkt der Zerstörung nahe seinem historischen Höchststand.«[165] Die immensen Folgen der Zerstörung des Kachowka-Staudamms sind nicht nur katastrophal für die Menschen in der Region des zerstörten Staudamms, sondern auch für die gesamte Ukraine. Damit ist durch diesen Krieg auch ein weiterer Schaden für das Erdsystem eingetreten – ein Schaden, der fast einer Wild Card entspricht (siehe auch die Seiten 116-117 über Wild Cards).

Zweitens: Viele Länder des globalen Nordens, insbesondere die EU, können nicht aus eigener Kraft klimaneutral werden. Sie benötigen LNG und grünen Wasserstoff aus vielen Ländern außerhalb der EU – auch aus harten Autokratien und aus zahlreichen Ländern des globalen Südens.

Drittens: Das Wachstumsparadigma bzw. das auf quantitativem Wachstum basierende Fortschrittsmuster des neoliberalen Kapitalismus des globalen Nordens, das autokratisch diktierte, kommunistisch-kapitalistische Wachstumsmodell Chinas und die nach dem Vorbild des globalen Nordens ausgerichteten kapitalistischen Wachstumsparadigmen der Schwellenländer des globalen Südens werden fast nirgendwo ernsthaft in Frage gestellt. Es werden keine Wachstumsrücknahmen, schon gar nicht Wachstumswenden[166] oder Wohlstandseinbußen ernsthaft diskutiert. Stattdessen sollen »grüne Technologien« mehr oder weniger das bestehende, auf stetigem Wachstum basierende, Fortschrittsmuster den Fortbestand der ökonomischen Strukturen und damit weitestgehend die Beibehaltung der bestehenden Konsummuster garantieren. Aber ohne tiefgreifende Veränderungen der Konsummuster und dadurch insbesondere in den Wertorientierungen und Handlungsmustern der Menschen – nicht nur in den Ländern des globalen Nordens – werden sich wirkliche Nachhaltigkeit und damit auch wirksame Klimaschutzmaßnahmen nicht verwirklichen können.

Acht zukunftsgefährdende Megatrends und die daraus resultierenden Transformationen

Der Begriff »Megatrend« wurde vom amerikanischen Zukunftsforscher John Naisbitt zu Beginn der 1980er-Jahre durch seinen Weltbestseller »Megatrends. 10 Perspektiven, die unser Leben verändern werden.«[167] geprägt. Megatrends werden seit Jahrzehnten auch von der kritischen Zukunftsforschung beobachtet, analysiert und zum Teil durch ihr Know-how erkannt und in die Zukunftsdebatte integriert. Die Erkenntnisse aus den Megatrends fließen in die Entscheidungsgrundlagen für die Zukunftsgestaltung und in die Beratung von Unternehmen ein. Darüber hinaus sind Megatrends von großer Bedeutung für die Politikberatung sowie für eine Vielzahl möglicher Planungen und für die wissenschaftliche Forschung und Entwicklung. Sie sind aber auch für viele Menschen eine ungemein wichtige Informationsquelle über mögliche Zukunftsentwicklungen.

Neben den zukunftsgefährdenden Megatrends der »fortschreitenden Erderwärmung« und dem »Massenaussterben in der Flora und Fauna« gibt es weltweit mindestens noch sechs weitere dominierende Megatrends, die die Zukunft der Weltgesellschaft stark beeinflussen und die Qualität der Lebensbedingungen für alles Leben auf der Erde gefährden.

Z_punkt, ein Beratungsunternehmen für strategische Zukunftsfragen mit Sitz in Köln, schreibt über Megatrends: »Megatrends sind über einen Zeitraum von Jahrzehnten beobachtbar. Für die Gegenwart existieren bereits quantitative, empirisch eindeutige Indikatoren. Sie können mit hoher Wahrscheinlichkeit noch über 15 Jahre in die Zukunft projiziert werden. [...] Megatrends wirken umfassend, ihr Geltungsbereich erstreckt sich auf alle Weltregionen und alle Akteure – Regierungen, Individuen und ihr Konsumverhalten, aber auch auf Unternehmen und ihre Strategien. [...] Megatrends bewirken tiefgreifende, mehrdimensionale Umwälzungen aller gesellschaftlichen Teilsysteme – politisch, sozial und wirtschaftlich. Ihre spezifischen Ausprägungen unterscheiden sich von Region zu Region«.[168]

Folgende acht zukunftsgefährdende Megatrends sind für die nächsten Jahrzehnte festzustellen. Ich habe sie in meinem Buch »Anthropozän und Nachhaltigkeit. Denkanstöße zur Klimakrise und für ein zukunftsfähiges Handeln« auf der Basis von 43 Markern des Anthropozäns ermittelt und ausführlich beschrieben.[169]

1. Megatrend: Der durch Menschen verursachte Klimawandel.

2. Megatrend: Das sechste große Massenaussterben in der Geschichte der Evolution.

3. Megatrend: Starkes Bevölkerungswachstum und der damit einhergehende Naturverbrauch.

4. Megatrend: Ungebremster Verbrauch an erneuerbaren und nicht erneuerbaren Ressourcen.

5. Megatrend: Bodendegradation und Flächenverbrauch.

6. Megatrend: Abnahme der Biodiversität und die Überlastung der Biokapazität der Erde.

7. Megatrend: Wachsende Kluft zwischen Arm und Reich.

8. Megatrend: Weltweite Militärausgaben und die Produktion von CBRN-Waffen (chemisch, biologisch, radiologisch und nuklear).

Jeder dieser Megatrends kann sich durch das Eintreten von sogenannten »Wild Cards« ändern und theoretisch auch eine völlig andere Richtung nehmen. Martin Ågerup vom Kopenhagener Institut für Zukunftsforschung definiert Wild-Card-Ereignisse folgendermaßen: »Eine Wild Card ist ein Ereignis, das ziemlich unsicher erscheint, das aber – wenn es sich ereignet – weitreichende und wichtige Konsequenzen haben wird«.[170]

Wild-Card-Ereignisse in den letzten Jahrzehnten waren der erste Super-GAU im Atomkraftwerk von Tschernobyl in der Ukraine am 26. April 1986, das Ende des Ost-West-Konfliktes mit dem Fall der Berliner Mauer im Jahr 1989, die Terrorangriffe in den USA am 11. September 2001, das schwere Erd- und Seebeben am 11. März 2011 an der Ostküste Japans mit dem anschließenden Super-GAU im Atomkraftwerk Fukushima und der völkerrechtswidrige Krieg Russlands gegen die Ukraine, der am 24. Februar 2022 begann. Er erschien den meisten Menschen ziemlich unsicher, aber er hat sich ereignet mit weitreichenden und wichtigen Konsequenzen.

Aus allen acht aufgeführten Megatrends resultieren seit einigen Jahrzehnten eine Fülle weitreichender unerwünschter Transformationen für *alle* Menschen, die heute, in der näheren, aber auch in der entfernteren Zukunft leben. Sie werden sich Tag für Tag verstärken und mit hoher Wahrscheinlichkeit tiefgreifende negative Veränderungen für die Lebens- und Überlebensbedingungen allen Lebens auf der Erde auslösen. Diese Veränderungen wirken transformativ, weil sie die Natur- und Umwelt überall auf der Erde umformen. Sie zwingen uns Menschen zu reagieren. Deshalb sind es negative Transformationen, die von uns Anpassungsmaßnahmen verlangen.

Deshalb brauchen wir dringend Transformationen für wirkliche Nachhaltigkeit und eine nachhaltige globale Entwicklung, die dazu führen, dass wir möglichst wenig auf die negativen Transformationen, die aus den acht zukunftsgefährdenden Megatrends resultieren, reagieren müssen. Wir müssen mehr agieren, also mehr gegen die Auswirkungen der Klimakrise und gegen nicht nachhaltige Strukturen unternehmen. Mit jedem Tag, an denen wir zu zögerlich und mit den in diesem Buch erörterten ambivalenten Wertorientierungen und Handlungsmustern die notwendigen Transformationen für mehr Klimaschutz, wirklicher Nachhaltigkeit und einer globalen nachhaltigen Entwicklung gegen diese acht zukunftsgefährdenden Megatrends verzögern, nähert sich die Weltgesellschaft einer nicht mehr beherrschbaren Megakrise (siehe auch die Seiten 73-74), die zum Kollaps der Weltgesellschaft führen kann.

Heute sprechen wir von multiplen Krisen, also dem Auftreten von verschiedenen globalen Krisen, deren Auswirkungen sich fast überall auf der Welt bemerkbar machen, wie die COVID-19-Pandemie (Coronavirus SARS-CoV-2) mit nahezu acht Millionen Todesfällen, die weltweiten und vielerorts katastrophalen Auswirkungen der fortschreitenden Erderwärmung, die Reduzierung der Artenvielfalt durch uns Menschen, der steigende Hunger auf der Welt, der verbrecherische Angriffskrieg Russlands auf die Ukraine und die Zunahme globaler Armut und Ungleichheiten, um nur einige der wichtigsten Krisen zu nennen.

Multiple Krisen sind eine Folge davon, dass sich die acht zukunftsgefährdenden Megatrends spätestens seit den 1950er-Jahren kontinuierlich verstärkt haben. Seit dem Jahr 1950 haben sich die zwölf wichtigsten sozioökonomischen und die zwölf wichtigsten erdsystembezogenen Entwicklungstrends extrem beschleunigt. Sie haben seit dem Jahr 1950 ein extremes exponentielles Wachstum, das sich seit dem Jahr 2000 noch einmal zusätzlich stark beschleunigt hat. Es sind für die sozioökonomischen Entwicklungstrends: 1. Weltbevölkerung, 2. Reales Bruttoinlandsprodukt, 3. Ausländische Direktinvestitionen, 4. Primärenergieverbrauch, 5. Große Staudämme, 6. Wasserverbrauch, 7. Düngerverbrauch, 8. Papierproduktion, 9. Städtische Bevölkerung, 10. Transportwesen, 11. Telekommunikation, 12. Internationaler Tourismus.

Für die erdsystembezogenen Entwicklungstrends sind es: 1. CO_2, 2. Stickoxid, 3. Methan, 4. Ozonschicht, 5. Oberflächentemperatur, 6. Versauerung der Meere, 7. Seefischfang,

8. Garnelen Aquakulturen, 9. Nitratbelastung der Küstengewässer, 10. Verlust des tropischen Regenwalds, 11. Zivilisationsland, 12. Terrestrische Biosphärenverschlechterung.

Diese 24 Entwicklungstrends seit dem Jahr 1950 sind der Grund, weshalb die Zukunftsfähigkeit der Weltgesellschaft Tag für Tag abnimmt und wir zu Recht mit großen Sorgen in die Zukunft blicken. Dafür wurde der Begriff »Die Große Beschleunigung« geprägt.[171] Diese Entwicklungstrends gibt es als Kurvendiagramme. Sie können im Internet unter www.globaia.org/great-acceleration[172] studiert werden.

Die zukunftsgefährdenden Entwicklungen haben in den letzten Jahren auch viele junge Menschen erkannt, die als Aktivistinnen und Aktivisten für mehr Klima-, Natur- und Umweltschutz mit öffentlichen Protesten, Aktionen und zivilen Ungehorsam Druck auf die Politik ausüben, wie z. B. Fridays for Future, Letzte Generation oder Extinction Rebellion.

Die acht zukunftsgefährdenden Megatrends sind untereinander extrem eng verflochten. Das bedeutet, dass Änderungen irgendeines Megatrends positive oder negative Auswirkungen (Rückkoppelungen) auf alle anderen Megatrends bewirken. Würden wir versuchen, die wechselseitigen Interdependenzen der acht Megatrends zu beschreiben, so kämen wir nie zu einer Vollständigkeit. Hier gilt die wichtigste Erkenntnis von Alexander von Humboldt: »Alles hängt mit allem zusammen.«[173] Sie als Leserin oder Leser können sich die Megatrends ansehen und werden rasch feststellen, dass von Humboldts Erkenntnis für die acht Megatrends voll zutrifft. Ein einfaches Beispiel: Transformationen gegen den von uns Menschen verursachten Klimawandel (1. Megatrend), die eine Reduzierung der globalen CO_2-Emissionen bewirken, würden ganz sicher dazu beitragen, das sechste große Massenaussterben in der Geschichte der Evolution (2. Megatrend) abzuschwächen. Sie würden den ungebremsten Verbrauch an erneuerbaren und nicht erneuerbaren Ressourcen (4. Megatrend) reduzieren. Der Bodendegradation und dem Flächenverbrauch (5. Megatrend) sowie der Abnahme der Biodiversität und der Überlastung der Biokapazität der Erde (6. Megatrend) würde wirksam entgegengewirkt und vieles, vieles mehr. Es ist leicht, sich vorzustellen, welche positiven Auswirkungen es gebe, wenn die weltweiten Militärausgaben und die Produktion von CBRN-Waffen (8. Megatrend) drastisch reduziert würden. Alle anderen sieben Megatrends würden etwas an ihrer zukunftsgefährdenden Dynamik verlieren. Das im Detail auszuführen, würde mindestens ein ganzes Buch füllen.

Deshalb haben auch kleinste Bemühungen, CO_2-Emissionen zu reduzieren, etwa durch die Reduzierung des individuellen Stromverbrauchs, der Nutzung möglichst emissionsarmer Fortbewegungsmittel, mehr oder ganz den ÖPNV nutzen, nur sparsame und nicht zu große PKW fahren, selten oder überhaupt nicht in den Urlaub fliegen, weniger Fleisch essen, elektrischen Strom aus regenativen Energiequellen (sog. Öko-Strom) beziehen, Wohnungen und Häuser nicht über 20 Grad Celsius heizen und vieles mehr Auswirkungen auf die zukunftsgefährdenden Megatrends in der Form, dass sie abgeschwächt werden. Aber am Wichtigsten sind große Transformationen gegen den Klimawandel, wie der möglichst rasche Abbau aller fossilen Energieträger durch regenerative Energiequellen und die Durchsetzung und deutliche Ausweitung der Ziele im neuen Weltnaturabkommen. Sie sind die besten Handlungsoptionen im Kampf gegen die Klimakrise und für die nachhaltige Entwicklung. Wir alle sind aufgefordert, diese wichtigen Ziele bestmöglich zu unterstützen und folgende These von Ernst Ulrich von Weizsäcker sehr ernst zu nehmen: »Nur wer dem Klima und der Natur nützt, sollte künftig Gewinner sein. Verlierer sollten die Zerstörer sein.«[174]

Lebensqualität und Lebensstandard

Die allgemeine Lebensqualität droht weltweit zu sinken

Kann heute noch ein einigermaßen aufgeklärter Mensch bezweifeln, dass sich die Lebensqualität und der Lebensstandard durch die zunehmende Erderwärmung und den sieben weiteren zukunftsgefährdenden Megatrends für praktisch alle Menschen der Weltgesellschaft verändern werden? Entwickeln sich die allgemeinen Lebensbedingungen für uns Menschen und alle anderen Lebewesen der Erde in den nächsten Jahrzehnten zum Nachteil? Nach allen Daten, Fakten und Trends, die wir heute kennen und dem Wissen, was uns zur Verfügung steht, muss diese Frage eindeutig bejaht werden! Sie muss insbesondere durch die Veränderungen der Biosphäre aufgrund des fortschreitenden Klimawandels bejaht werden – selbst wenn es der Weltgesellschaft gelingen sollte, die Erderwärmung auf eine Erhöhung von »nur« 1,5 bis 2,0 Grad Celsius im Vergleich zum vorindustriellen Niveau zu begrenzen. Vor diesem Hintergrund machen sich immer mehr Eltern Sorgen um die Zukunft ihrer Kinder. Aber besonders sorgt sich ein Teil jüngerer Menschen ernsthaft um ihre Zukunft. Mehr oder weniger öffentlich sichtbar wird diese Besorgnis durch die meist jungen Aktivistinnen und Aktivisten und den vielen engagierten Menschen in den Klimaschutz-, Umwelt-, Anti-Atomkraft-, Emanzipations- und Eine-Welt-Bewegungen, z. B. bei Fridays for Future, Letzte Generation, Extinction Rebellion, Ende Gelände, Greenpeace, Bund für Umwelt und Naturschutz Deutschland (BUND), World Wide Fund For Nature (WWF) und tausenden anderen Nichtregierungsorganisationen mit diesen Zielen überall auf der Welt.

Der Kapitalismus des 21. Jahrhunderts, der das bestehende, auf quantitativem Wirtschaftswachstum basierende, Fortschrittsmuster[175] prägt, ist zweifellos immer noch vorherrschend. Er stellt sich diesen Bewegungen vehement entgegen, die für Entwicklungsmöglichkeiten menschlicher Gesellschaften kämpfen, in denen sich eine gute Lebensqualität und ein annehmbarer Lebensstandard ohne die fortschreitende Zerstörung der Lebensgrundlagen der Erde realisieren ließe. Nicht nur, dass das Fortschrittsmuster des Kapitalismus seit mindestens einem Jahrhundert dazu beiträgt, die Lebensgrundlagen für alles Leben auf der Erde zu beeinträchtigen und nach und nach zu zerstören, es kann auch sein Versprechen auf bessere Lebensbedingungen für die meisten Menschen der Weltgesellschaft nicht einlösen. Schon im Jahr 1976 sprach der Psychoanalytiker Erich Fromm in seinem Weltbestseller »Haben oder Sein. Die seelischen Grundlagen einer neuen Gesellschaft« vom Ausbleiben der großen Verheißungen unbegrenzten Fortschritts für eine größtmögliche Anzahl von Menschen, die das größtmögliche Glück und uneingeschränkte persönliche Freiheit genießen würden.[176] Er hat nicht nur aufgrund vielfältiger psychologischer Prämissen Recht behalten – sondern auch, weil die Kluft zwischen Arm und Reich seit Jahrzehnten in nahezu allen Ländern der Welt stetig größer wurde und diese negative Entwicklung noch anhält. Im April 2010 habe ich auf der HKD-Referent/innen-Konferenz in Hermannsburg mit dem Titel »Arme habt ihr alle Zeit. Kirchliche Wahrnehmung von Armut vor der eigenen Haustür« den Vortrag »Trends und Auswirkungen der globalen und nationalen Armutsentwicklung. Politisches und gesellschaftliches Versagen und Aspekte zur Armutsreduzierung« gehalten. Trotz vieler Vorschläge zur Überwindung von Armut im Allgemeinen und zur Reduzierung der Armut in Deutschland im Besonderen konnte ich aufgrund meines Wissenstandes den Teilnehmerinnen und Teilnehmern nicht sagen, dass sich die Armutssituation in Deutschland in den nächsten Jahren verbessern wird. Leider habe ich Recht behalten, denn seit dem Jahr 2010 hat die Armut in Deutschland, der viertgrößten Volkswirtschaft der Welt, deutlich zugenommen.[177] Aus dem Paritätischem Armutsbericht

2022 geht hervor, dass die Armut in Deutschland mit einer Armutsquote von 16,9 Prozent im Jahr 2021 den Höchststand erreicht hat. Rund 14,1 Millionen Menschen in Deutschland zählen zu den Armen. Das sind 840.000 Menschen mehr als vor der Pandemie.[178] Durch die starke Inflation seit dem Jahr 2022 ist zu befürchten, dass die Armut in Deutschland weiter zunehmen wird.

Auch die wohlhabenden Menschen werden immer unzufriedener mit ihrem Leben. So stellen der Philosoph Gernot Böhme und die Neurowissenschaftlerin Rebecca Böhme in ihrem gemeinsamen Buch »Über das Unbehagen im Wohlstand« fest, dass »trotz der Erfüllung vieler Grundbedürfnisse und eines hohen Lebensstandards die meisten Menschen in unserer Gesellschaft unzufrieden sind.«[179]

Alarmierend ist die Tatsache, dass seit wenigen Jahren auch weltweit die Lebensqualität sinkt! Das bestätigt der Human Development Index – HDI. Er ist der einzig existierende Index zur Messung der menschlichen Entwicklung in den meisten Ländern der Welt und wird vom Entwicklungsprogramm der Vereinten Nationen, den United Nations Development Programme – UNDP[180] seit dem Jahr 1990 jährlich neu ermittelt. In die Berechnung des HDI fließen wesentlich mehr Daten und Fakten ein, als zur Messung des Bruttoinlandsproduktes (BIP)[181] oder des Bruttonationaleinkommens (BNE), das bis zum Jahr 1999 als Bruttosozialprodukt bezeichnet wurde.[182] Der HDI ermittelt die menschliche Entwicklung durch eine Vielzahl von Merkmalen, die menschliches Leben ausmachen. Dadurch macht er belastbare Aussagen über die Lebensqualität und dem Lebensstandard von Menschen. Das Lateinamerika-Institut der Freien Universität Berlin schreibt über den HDI zutreffend: »[…] Der HDI vergleicht infolgedessen nicht nur das Bruttoinlandsprodukt (BIP) sowie dessen Verteilung, sondern auch die Lebenserwartung in einem Land oder den Bildungsgrad der Bevölkerung (dabei wird der Bildungsgrad z. B. anhand der Alphabetisierungsrate und der Einschulungsrate ermittelt, während für die Ermittlung der Lebenserwartung solche Indikatoren wie Gesundheit, Gesundheitsfürsorge, Ernährung oder Hygiene verwendet werden).«[183]

Im September 2022 berichtete das UNDP, dass in 90 Prozent der Länder weltweit die menschliche Entwicklung zurückgeht. Das RedaktionsNetzwerk Deutschland berichtete: »In der neuesten Auflage ist ein deutlicher Rückgang zu erkennen – und zwar flächendeckend. [...] Zum zweiten Mal in Folge sei der globale Index-Wert zurückgegangen, beklagte die (sic) UNDP bei der Präsentation des [...] veröffentlichten Berichts. ›Wir leben in sehr schmerzlichen Zeiten, egal ob es um eine Welt unter Wasser, ohne Wasser, in Flammen oder inmitten einer Pandemie geht‹, sagte UNDP-Leiter Achim Steiner. ›Die Welt taumelt von Krise zu Krise, gefangen im Kreislauf des Feuerlöschens, ohne dass die Wurzeln unserer Probleme angefasst werden‹, warnte die (sic) UNDP. Außerdem beobachteten die Statistiker weltweit wachsenden Pessimismus: Sechs von sieben Menschen gäben an, sich unsicher zu fühlen, ein Drittel sagte, dass sie anderen nicht vertrauen.«[184]

Im neuesten Human Development Index wurden 191 Länder untersucht. Ein Land kann im HDI einen maximalen Wert von 1.000 erreichen. Länder mit sehr hoher menschlicher Entwicklung haben einen Indexwert, der höher als 0.800 ist. Diesen Wert weisen 66 Länder auf. Länder mit hoher menschlicher Entwicklung haben einen Indexwert zwischen 0.799 – 0.700. Diesen Wert weisen 49 Länder auf. Länder mit mittlerer menschlicher Entwicklung haben einen Indexwert zwischen 0.699 – 0.550. Diesen Wert weisen 44 Länder auf. Länder mit geringer menschlicher Entwicklung haben einen Indexwert unter 0.549. Diesen Wert weisen 32 Länder auf.

Nachfolgend die Rangfolgen einiger exemplarisch ausgewählter Länder[185]:

Rang 1	Schweiz	HDI 0,962
Rang 2	Norwegen	HDI 0,961
Rang 3	Island	HDI 0,959
Rang 9	Deutschland	HDI 0,942
Rang 21	USA	HDI 0,921
Rang 28	Frankreich	HDI 0,903
Rang 52	Russland	HDI 0,822
Rang 79	China	HDI 0,768
Rang 87	Brasilien	HDI 0,754
Rang 114	Indonesien	HDI 0,705
Rang 132	Indien	HDI 0,633
Rang 150	Syrien	HDI 0,577
Rang 161	Pakistan	HDI 0,544
Rang 163	Nigeria	HDI 0,535
Rang 172	Sudan	HDI 0,508
Rang 175	Äthiopien	HDI 0,498
Rang 179	Kongo	HDI 0,479
Rang 191	Südsudan	HDI 0,385

An der Ermittlung des HDI muss kritisiert werden, dass er keine ökologischen Kriterien (z. B. Umweltzustand und Umweltschutz) und auch nicht die Auswirkungen des Klimawandels berücksichtigt. Aber diese Kriterien fließen auch nicht in die Berechnungen des BIP oder BNE ein. Letztendlich hat deshalb der aus vielen Gründen verbesserungswürdige HDI noch den besten Aussagewert über menschliche Entwicklung und dadurch über die Lebensqualitäten und Lebensstandards von Menschen in einzelnen Ländern.

Weil aber die Auswirkungen des Klimawandels und der Zustand der Umwelt weder im BIP oder BNE noch im HDI eingearbeitet sind, sie aber weiterhin die Lebensbedingungen der meisten Menschen auf der Welt zum Nachteil beeinträchtigen werden, ist zu befürchten, dass die Bejahung auf meine zu Beginn dieses Kapitels gestellte Frage: »Entwickeln sich die allgemeinen Lebensbedingungen für uns Menschen und alle anderen Lebewesen der Erde in den nächsten Jahrzehnten zum Nachteil?« leider mit hoher Wahrscheinlichkeit zutrifft. Das bedeutet, dass sehr wahrscheinlich der globale Index-Wert des HDI auch in den nächsten Jahren zurückgehen wird.

Wir müssen bedenken, dass alleine in Deutschland, ein Land mit relativ guter Infrastruktur und intakten Institutionen und auch ein Land, dass Vorsorgemaßnahmen gegen die Auswirkungen des Klimawandels (z. B. Starkregen, Hochwasser, Hitzewellen und Dürren) finanzieren kann und zum Teil auch durchführt, sich die Gesamtschäden durch Wetterextreme in Deutschland seit der Jahrtausendwende auf gut 145 Milliarden Euro belaufen. Aber diese Schäden werden sich mit hoher Wahrscheinlichkeit auch in Deutschland ausweiten. Eine Studie im Auftrag des Bundesministeriums für Wirtschaft und Klimaschutz, die am 6. März 2023 in Berlin vorgestellt wurde, beziffert bis zum Jahr 2050 wesentlich mehr Schäden durch den Klimawandel. Das Handelsblatt schrieb: »Die Untersuchung des Instituts für ökologische Wirtschaftsforschung (IÖW), der Gesellschaft für Wirtschaftliche Strukturforschung (GWS) und der Prognos AG beziffert die Kosten in verschiedenen Szenarien. Je nach Ausmaß der Erderwärmung rechnen die Experten zwischen 2022 und 2050 mit volkswirtschaftlichen Schäden in Höhe von 280 bis 900 Milliarden Euro.«[186] Wenn schon ein Land, wie Deutschland, in Zukunft mit größeren Schäden und hohen Kosten durch die Folgen des Klimawandels rechnen muss, wie ist es erst dann um die ärmeren Länder im globalen Süden bestellt?

Der weltweit ungerecht verteilte Lebensstandard und der gewaltige CO_2-Fußabdruck der Reichen

Für eine gute Lebensqualität ist ein angemessener Lebensstandard *die* Grundvoraussetzung. Lebensstandard ist der Begriff für den Grad der Versorgung von Personen oder Haushalten in einer Volkswirtschaft mit Gütern und Dienstleistungen.[187] In der Allgemeinen Erklärung der Menschenrechte aus dem Jahr 1948 ist im Artikel 25 das Recht auf einen angemessenen Lebensstandard enthalten: »1. Jeder Mensch hat Anspruch auf eine Lebenshaltung, die seine und seiner Familie Gesundheit und Wohlbefinden einschließlich Nahrung, Kleidung, Wohnung, ärztlicher Betreuung und der notwendigen Leistungen der sozialen Fürsorge gewährleistet; er hat das Recht auf Sicherheit im Falle von Arbeitslosigkeit, Krankheit, Invalidität, Verwitwung, Alter oder von anderweitigem Verlust seiner Unterhaltsmittel durch unverschuldete Umstände.

2. Mutter und Kind haben Anspruch auf besondere Hilfe und Unterstützung. Alle Kinder, eheliche und uneheliche, genießen den gleichen sozialen Schutz.«[188] Der Mindestanspruch auf diesen im Jahr 1948 beschriebenen Lebensstandard wird für viele hundert Millionen Menschen nicht und für deutlich mehr als 2 Milliarden Menschen weltweit völlig unzureichend erfüllt. Das gravierendste Defizit beim Lebensstandard ist eine nicht ausreichende Ernährung. Im Oktober 2022 hungerten nach Aussagen der Welthungerhilfe 828 Millionen Menschen weltweit.[189] Die Aussichten in der näheren Zukunft, den Welthunger zu reduzieren, sind nicht gut: »[…] Es ist davon auszugehen, dass sich die Situation angesichts der sich überlappenden globalen Krisen noch weiter verschlechtern wird. Bleiben grundlegende Veränderungen aus, wird das Ziel Zero Hunger bis 2030 nicht erreicht. […]«, schreibt die Welthungerhilfe.[190] Die Gründe sind insbesondere der Klimawandel durch extreme Dürren in Afrika, Hochwasser in Pakistan, Bangladesch und anderen Ländern des globalen Sü-

dens. Auch die stark gestiegenen Nahrungsmittelpreise, die Auswirkungen der Covid-19-Pandemie, zahlreiche bewaffnete Konflikte und Kriege und die globalen Auswirkungen des verbrecherischen Angriffskrieges Russlands auf die Ukraine tragen zum Welthunger bei. Es leiden also große Teile der Weltbevölkerung unter einem völlig unzureichenden Lebensstandard, besonders in den Ländern des globalen Südens. Dazu trägt in besonderer Weise der Klimawandel bei, der, wie wir wissen, überwiegend durch das Treibhausgas CO_2 verursacht wird, welches größtenteils durch Aktivitäten der Menschen in den Ländern des globalen Nordens emittiert wird, aber unverhältnismäßig stark durch die reiche Oberschicht und die obere Mittelschicht *in allen Regionen der Welt.*[191]

Der unzureichende Lebensstandard eines großen Teils der Weltbevölkerung hängt eng also mit den weltweit ungleich erzeugten CO_2-Emissionen zusammen. Der Reichtum der Oberschicht, das sind 1 Prozent der Weltbevölkerung, trägt zu 15 Prozent an den globalen CO_2-Emissionen bei.[192] Die obere Mittelschicht, das sind 9 Prozent der Weltbevölkerung, trägt zu 32 Prozent an den globalen CO_2-Emissionen bei.[193] Weitere 40 Prozent der Weltbevölkerung, die globale Mittelschicht, tragen zu 43 Prozent an den globalen CO_2-Emissionen bei.[194] *Aber die Hälfte aller Menschen auf der Erde trägt nur zu 10 Prozent an den globalen CO_2-Emissionen bei.*[195] Sie müssen am meisten unter den Folgen des Klimawandels leiden, der insbesondere von der Oberschicht und oberen Mittelschicht verursacht wird.

Es wird viel über Klimaschutz und Klimaschutzmaßnahmen gesprochen, aber es wird in praktisch allen Ländern des globalen Nordens und auch in wichtigen Schwellenländern wie China, Brasilien, Russland, Indien, Südafrika und Indonesien fast nichts gegen den größtenteils extrem klimaschädlichen Lebensstil der Oberschicht und oberen Mittelschicht unternommen. Würde Klimaschutz ernster genommen, so müssten insbesondere klimaschädliche Lebensstile (Luxuswaren aller Art, besonders große

Häuser u. Ä.) zumindest über die Steuersysteme mit drastisch höheren Steuern belastet werden. Darüber hinaus müssten die Einkommen der Oberschicht deutlich höher besteuert werden. Es müssten Initiativen ergriffen werden, die verhindern, dass die Steuerlast der Oberschicht nicht dadurch gemindert wird, weil sie es in sogenannten Steueroasen zu wesentlich geringeren Steuersätzen versteuern können. Ebenfalls sollten Initiativen ergriffen werden, die es unmöglich machen, dass die Oberschicht Gewinne reduzieren kann, indem sie Verluste aus ihren Geschäftsmodellen und/oder Aktien steuerlich abschreiben kann.

Im Durchschnitt erzeugt eine Person aus der weltweiten Oberschicht jährlich 48 Tonnen[196], eine aus der oberen Mittelschicht 12 Tonnen CO_2-Emissionen pro Jahr[197], wohingegen Menschen aus der globalen Mittelschicht durchschnittlich nur 4 Tonnen CO_2-Emissionen pro Jahr erzeugen.[198] Aber die Hälfte der Weltbevölkerung, also die unteren Einkommensschichten und sehr armen Menschen, erzeugt pro Kopf nur eine Tonne CO_2-Emissionen pro Jahr.[199]

Menschen aus der globalen Mittelschicht mit durchschnittlich 4 Tonnen CO_2-Emissionen pro Jahr haben im Verhältnis zur Oberschicht und zur oberen Mittelschicht einen relativ geringeren Anteil an der Erderwärmung. Aber selbst dieser wäre zur Erzielung globaler Klimaneutralität noch zu hoch, denn er dürfte nur etwa 2 Tonnen für eine Person pro Jahr betragen.[200] Die Menschen aus den unteren Einkommensschichten und die sehr armen Menschen mit durchschnittlich nur einer Tonne CO_2-Emissionen pro Jahr haben überhaupt keinen Anteil an der Erderwärmung – sie leben quasi klimaneutral und dürften sogar die doppelte Menge an CO_2 emittieren und würden dadurch noch immer die Biosphäre und die künftigen Generationen vor der gefährlichen Erderwärmung schützen.[201] Weil sie größtenteils in den ärmeren Ländern des globalen Südens leben, die besonders stark von Extremwetterereignissen heimgesucht werden, leiden sie aber wesentlich stärker unter den Folgen der Erderwärmung als die Menschen in den meisten Ländern des globalen Nordens.

Nach den oben genannten Daten haben nur 10 Prozent der Weltbevölkerung den größten Anteil an der Erderwärmung, nämlich die Oberschicht mit 1 Prozent und die obere Mittelschicht mit 9 Prozent. *Sie sind zu 47 Prozent für die klimaschädlichen Emissionen verantwortlich.*[202] Von Ausnahmen abgesehen, ist es der maßlose Lebensstil der Oberschicht und oberen Mittelschicht, der für diese exorbitant hohen CO_2-Emissionen verantwortlich ist. Nicht wenige Menschen aus diesen Schichten streben nach dem Größeren, Höheren, Schnelleren und Weiteren. Sie sind es, die das Konsumieren und Anhäufen von Waren und Dienstleistungen Tag für Tag aufs Neue zelebrieren. Ihr Lebensstil hat sie süchtig gemacht, weil das ständige Kaufen, Konsumieren und Anhäufen von Waren ihre Lebensqualität nicht verbessern hilft, obwohl es die Werbeindustrie verspricht. Aber wie jemand, der süchtig ist und die Dosis seines Suchtmittels (z. B. Kokain) steigern muss, weil sonst der Kick[203] ausbleibt und er sich unwohl fühlt, so müssen auch Menschen aus der Oberschicht und oberen Mittelschicht immer wieder Dinge konsumieren und anhäufen, die sie überwiegend nicht benötigen, um ihr psychisches Gleichgewicht stabil zu halten. Wir kennen solche Menschen, die Superreichen mit ihren Luxusvillen, Yachten, teuersten Automobilen, Privatjets und vielen weiteren nicht nachhaltigen Lebensstilen, die sie zum Teil noch öffentlich zur Schau stellen und damit prahlen. Wie ich kennen sicherlich auch viele Leserinnen und Leser Personen aus der gehobenen Mittelschicht persönlich, die sich ähnlich, aber auf geringerem Niveau, wie Personen aus der Oberschicht verhalten. Viele dieser Personen buchen mehrmals im Jahr Flugreisen – nicht nur nach Mallorca oder auf die kanarischen Inseln, sie buchen auch Interkontinentalreisen, z. B. von Europa nach Australien, Neuseeland, Südafrika, Südamerika oder sogar in die Antarktis. Sie fahren viel zu große Autos; hegen und pflegen einen Lebensstil, der sehr viel natürliche Ressourcen beansprucht, den Naturverbrauch steigert und in großen Mengen CO_2 erzeugt. Sie wohnen in viel zu großen Wohnungen oder Häusern und häufen redundant Waren aller Art an. In der gehobenen Mittelschicht sind auch die Menschen anzutreffen, die nicht an der Weiterentwicklung einer sozialen Marktwirtschaft interessiert sind, sondern den neoliberalen Kapitalismus mit seinen zahlreichen menschenfeindlichen Ausartungen in kleinen und mittleren Unternehmen sowie in großen Konzernen fördern. Aufgrund ihres Verhaltens sind sie nicht an einer nachhaltigen Entwicklung interessiert. Diese Personen sind nicht glaubwürdig, wenn sie behaupten würden, dass sie sich für eine lebenswerte Zukunft engagieren – aber das werden sie auch nicht behaupten. Sie sind Menschen mit einer »Nach-mir-die-Sintflut-Mentalität«.

Übrigens ist es egal, aus welcher Weltregion die reichen Menschen kommen. In einer Studie von Lucas Chancel, KO-Direktor des Pariser World Inequality Lab, die im renommierten Fachjournal »Nature Sustainability« erschienen ist, wurde dazu u. a. Folgendes festgestellt, was der Journalist Miguel de la Riva zusammenfasste: » [...] Seit den späten 2000er-Jahren sei die Ungleichheit beim CO_2-Ausstoß Einzelner besser dadurch zu erklären, welcher Einkommens- und Vermögensgruppe sie angehören, als in welcher Weltgegend sie leben. Die Studie kombiniert historische Daten zur Verteilung von Einkommen und Vermögen aus der institutseigenen ›World Inequality Database‹ mit solchen über den CO_2-Ausstoß je Kopf. Dabei wird der Treibhausgasausstoß in unterschiedlichen Wohlstandsgruppen verglichen. [...] Seit 1990 habe die ärmere Hälfte der Weltbevölkerung nur 16 Prozent der Treibhausgasemissionen verursacht, während allein das obere eine Prozent knapp ein Viertel ausstieß. Mittlerweile kämen die Top-Emittierer dabei aus allen Weltregionen. [...]«[204]

Lebensqualität und Lebensstandard müssen sich am Klimaschutz und der nachhaltigen Entwicklung orientieren

Für die Ziele wirklicher Nachhaltigkeit und Klimaschutz muss, zumindest in den demokratisch geführten Ländern des globalen Nordens, eine Form von Aufbruchsstimmung in breiten Teilen der Bevölkerungen entstehen. Dafür muss ein Enthusiasmus entfacht werden, der Bevölkerungsmehrheiten mitnimmt, wie es beispielsweise zu Beginn der industriellen Revolution oder in den Wirtschaftswunderjahren der 1950er und 1960er-Jahre der Fall war. Damals wurden Bevölkerungsmehrheiten, insbesondere in Westeuropa und Japan, einerseits für den Wiederaufbau der nach dem Zweiten Weltkrieg zerstörten Städte und Infrastrukturen, andererseits für die allgemeine Verbesserung der Lebensqualität so gewonnen, dass sie diese Ziele umsetzten. Ein besseres Leben und ein höherer Lebensstandard für die meisten Menschen in Westeuropa und Japan wurde in den ersten Nachkriegsjahrzehnten möglich. Die Menschen waren sich damals sicher, dass ihre Kinder eine bessere Zukunft haben werden, weil sie an den gesellschaftlichen Fortschritt glaubten und, was wichtig ist zu erwähnen, sie mehrheitlich an den Entwicklungen partizipierten.

Seitdem haben sich die Perspektiven auf gesellschaftlichen Fortschritt und ein besseres Leben für die Bevölkerungen in den Ländern des globalen Nordens stark verändert. Zwar partizipierten große Teile der Bevölkerungen im globalen Norden noch bis in die Nullerjahre dieses Jahrhunderts an den ökonomischen Entwicklungen durch die Steigerung ihres Lebensstandards, aber die Sicht der Menschen auf ihre eigene Zukunft und die ihrer Kinder wurde schon in den späten 1990er-Jahren immer weniger optimistisch. Die in den Bevölkerungen weniger optimistische Zukunftseinschätzung trifft heute noch stärker zu und wurde nach meiner Einschätzung nur wenig durch die Covid-19-Pandemie und den verbrecherischen Krieg Russlands gegen die

Ukraine verstärkt. Was Deutschland betrifft, so blicken junge Menschen einer Umfrage zufolge eher pessimistisch in die Zukunft. »In einer Befragung von Infratest dimap für die Vodafone Stiftung stimmten 86 Prozent der 14- bis 24-Jährigen der Aussage zu: ›Ich mache mir Sorgen um die Zukunft‹. Nur 8 Prozent gehen davon aus, dass es ihre Kinder einmal besser haben werden als sie selbst, 58 Prozent sehen eher eine Verschlechterung, und 28 Prozent sagen ›weder besser noch schlechter‹. Die Umfragedaten stammen vom September, wurden also noch lange vor dem Ukraine-Krieg erhoben. Der Pessimismus zeigt sich auch mit Blick auf konkrete Probleme: Die Mehrheit der befragten Jugendlichen und jungen Erwachsenen ist nicht der Ansicht, dass Deutschland bis 2050 ›den Klimawandel im Griff haben‹, ein ›erstklassiges Bildungssystem haben‹ oder ›sozial gerechter sein‹ wird. Der Aussage ›Die Menschen werden 2050 in Deutschland friedlicher zusammenleben als heute‹ stimmten 22 Prozent zu, 72 Prozent nicht.«[205]

Die Sicht auf die Zukunft hat sich auch durch einen Bewusstseinswandel über die Krisen der Weltgesellschaft in den letzten Jahren für viele Menschen stark verändert. Der Klimawandel ist seit einigen Jahren auch bei uns in den reichen Ländern des globalen Nordens im wahrsten Sinne des Wortes viel spürbarer geworden. Außerdem haben zunehmend mehr Menschen Kenntnis darüber, wie nicht nachhaltig das auf quantitativem Wachstum basierende Fortschrittsmodell des Kapitalismus ist und wie nicht nachhaltig ein Großteil der Menschen lebt bzw. vielfach durch eine Vielzahl von Umständen auch leben muss. Wir wissen auch viel mehr darüber, was unternommen und unterlassen werden muss, um wirkliche Nachhaltigkeit und Klimaschutz zu fördern. Immer mehr Menschen wissen heute, dass die Zeit zum Handeln reif, ja überfällig geworden ist. Viele Transformationen in Richtung wirklicher Nachhaltigkeit und Klimaschutz hätten spätestens nach der Rio-Konferenz für Umwelt und Entwicklung, dem sogenannten Erdgipfel, im Jahr 1992 eingeleitet werden müssen.

Auch deshalb ist der Handlungsdruck enorm gestiegen, was viele Menschen wissen.

Der Handlungsdruck führt aber größtenteils in wichtigen Ländern der Welt nicht zu ernsthaften Initiativen für den Klimaschutz und wirklicher Nachhaltigkeit. Denken wir nur alleine an die Autokratien, in denen rund 68 Prozent der Weltbevölkerung leben[206] und in denen diese brennenden Zukunftsthemen politisch und in ihren Bevölkerungen nur eine marginale Rolle spielen, was auch der von Germanwatch und dem New Climate Institute veröffentlichte Klimaschutz-Index 2023 veranschaulicht.[207] Zwar gelten 52 Prozent der Länder auf der Welt als Demokratien, aber sie bilden nur 32 Prozent der Weltbevölkerung.[208] In vielen demokratisch geführten Ländern wird Klimaschutz und Nachhaltigkeit zwar viel ernster genommen, aber durch das ambivalente Verhalten von Entscheidungsträgerinnen und Entscheidungsträgern, insbesondere in Politik und Wirtschaft, wird für diese Ziele das konkrete Handeln viel zu zögerlich umgesetzt – auch, weil breite Bevölkerungsschichten und die von ihnen gewählten politischen Parteien diese Ziele nur unzulänglich unterstützen. Dies trifft auch für Deutschland zu.

Um Bevölkerungsmehrheiten für Klimaschutz und wirkliche Nachhaltigkeit zu begeistern und um sie mitzunehmen und zu aktivieren, damit die dafür erforderlichen Transformationen realisiert werden, benötigen wir erstens ein »Aufstiegs-Narrativ« für Jobs und Berufe im Klimaschutz und zur Erzielung wirklicher Nachhaltigkeit. Die zentrale Botschaft dieses »Aufstiegs-Narrativs« könnte lauten: Wer sich beruflich für den Klimaschutz und zur Erzielung wirklicher Nachhaltigkeit engagiert, hat einen gesicherten Arbeitsplatz und besonders gute Aufstiegschancen. Dieses »Aufstiegs-Narrativ« sollte für jede ausgeführte Tätigkeit in *allen* Berufen und Jobs (Handwerk, Dienstleistungen, Bildungswesen, Handel, Industrie, Wissenschaft, Technologie, Landwirtschaft u. v. a.) gelten. Dafür müssten die Entscheidungsträgerinnen und Entscheidungsträger in *allen* privatwirtschaftlichen und staatlichen Unternehmen und Institutionen den Menschen wesentlich mehr Möglichkeiten einräumen, Klimaschutz und wirkliche Nachhaltigkeit bei der Ausübung ihrer Berufe und Jobs durchzusetzen. Dadurch würden erheblich mehr Produkte und Dienstleistungen klimafreundlicher und nachhaltiger. Letztendlich könnten durch dieses »Aufstiegs-Narrativ« viel mehr Menschen gewonnen werden, die ihre Ideen und ihr Know-how einbringen, um vorhandene und neue Konzepte für wirkliche Nachhaltigkeit und Klimaschutz zu verbessern und voranzutreiben. Ganz wichtig ist dabei, dass dadurch viel mehr Menschen motiviert werden könnten, weil sie an der Gestaltung einer besseren Zukunft partizipieren.

Darüber hinaus benötigen wir zweitens ein neues »Fortschritts-Narrativ«. Dieses muss vermitteln, dass gesellschaftlicher Fortschritt sich nur noch erzielen lässt, wenn Menschen ein neues Verständnis im Umgang mit der Biosphäre und der Begrenztheit der natürlichen Ressourcen der Erde entwickeln und danach handeln.[209, 210] Dafür ist auch eine »neue Aufklärung« erforderlich, für die sich Ernst Ulrich von Weizsäcker seit Jahrzehnten in zahlreichen Büchern, wie schon im Jahr 1989 durch sein Buch »Erdpolitik. Ökologische Realpolitik an der Schwelle zum Jahrhundert der Umwelt«[211] sowie in Workshops und Vorträgen engagiert. In seinem neuesten Buch »So reicht das nicht! Außenpolitik, neue Ökonomie, neue Aufklärung – Was wir in der Klimakrise jetzt wirklich brauchen.« hat er wichtige Grundlagen für eine neue Aufklärung beschrieben.[212] Auch ich habe mich für eine »zweite Aufklärung« in meinen Büchern »Das Prinzip Fortschritt«[213] und »Anthropozän und Nachhaltigkeit«[214] ausgesprochen und dafür Vorschläge erarbeitet.

Was das »Aufstiegs-Narrativ« betrifft, so könnte natürlich schon heute jede Firma, jeder Konzern oder jede Behörde damit anfangen, ihren Mitarbeiterinnen und Mitarbeitern wesentlich mehr Gestaltungsmöglichkeiten einzuräumen, um die damit verbundenen Ziele voranzutreiben. Würde nur ein Teil der Firmen,

Konzerne und Behörden damit anfangen, so stiegen die Chancen, dass sich dieses neue Narrativ gesellschaftlich ausbreitet.

Für diese neuen Narrative müsste auf allen gesellschaftlichen und sozialen, aber ganz besonders auf allen ökonomischen Ebenen geworben werden. Sie benötigen auch die uneingeschränkte Unterstützung der Politik.

Heute klingen die hier geforderten, grob skizzieren Narrative unrealistisch oder sogar utopisch. In einer möglichen Welt mit rund 2,7 Grad Erderwärmung gegenüber dem vorindustriellen Niveau, die es zu verhindern gilt, würden sie staatlich durchgesetzt.

Wünschenswerte Zukunfts- und Transformationsbilder in 95 Thesen

Vorbemerkung

Die auf der nächsten Seite beginnenden Gegenüberstellungen verdeutlichen mit 95 Thesen, in welche Richtung gesellschaftliche, ökonomische, ökologische und wissenschaftlich-technische Entwicklungen und Transformationen verlaufen sollten, um den Kollaps der globalen Zivilisation zu vermeiden.[215] Auf der linken Seite werden die dominierenden Wertorientierungen und Handlungsmuster des Anthropozäns aufgeführt. Auf der rechten Seite befinden sich Skizzen möglicher Lösungen. Dabei sind auch Visionen aufgeführt, die utopische Zielvorstellungen enthalten.

Letztendlich sind es Bilder möglicher Zukünfte, also Zukunftsbilder, die jedoch größtenteils auch als Transformationsbilder bezeichnet werden müssen, weil der Weg dorthin nur über gesellschaftliche, ökonomische, ökologische und wissenschaftlich-technische Transformationen erreicht werden kann.

Jede und jeder Einzelne kann durch ihr oder sein Werten und Handeln diese möglichen Zukünfte und Transformationen unterstützen, sodass sie mehr und mehr Wirklichkeit werden. Würden sie von der Mehrheit der Weltgesellschaft mitgetragen und realisiert, so wäre wirkliche Nachhaltigkeit weltweit weniger eine Illusion, das Massenaussterben in der Flora und Fauna würde stark abgebremst und die negativen Auswirkungen der durch uns Menschen verursachten Klimakrise könnten reduziert werden.

Wesentliche nicht nachhaltige Realitäten des Anthropozäns	**Zukunfts- und Transformationsbilder für eine gerechte und nachhaltige Weltgesellschaft**
oder vorherrschende Wertorientierungen, Handlungsmuster, gesellschaftliche Charakteristiken und Bereiche, die zukunftsunfähig (nicht nachhaltig) sind.	*oder Wertorientierungen, Handlungsmuster, gesellschaftliche Charakteristiken und Bereiche für eine gerechte und in Richtung Nachhaltigkeit strebende Weltgesellschaft. Auch Skizzen für ein neues Fortschritts-Narrativ.*
In unserem Denken und Handeln dominiert das Steigerungsdenken. Es strebt stets nach dem Größeren, Höheren, Schnelleren, Weiteren und dem Konsumieren und Anhäufen von Waren und Dienstleistungen. (1)	*Unser Denken und Handeln hat das Steigerungsdenken aufgegeben. Das möglichst Kleinste wird angestrebt. Ein wirklich nachhaltiger Konsum von Waren und Dienstleistungen dominiert.* (1)
Wachsende Beschleunigung (schneller ist besser). (2)	*Tendenz zur Entschleunigung (Langsamkeit als Tugend.)* (2)
Quantität dominiert. (3)	*Hohes Qualitätsbewusstsein.* (3)
Quantitatives Wachstum. (4)	*Qualitatives, organisches Wachstum.* (4)
Ausgeprägte Tendenz zur Verschwendung. (5)	*Verschwendung zu vermeiden ist eine Selbstverständlichkeit.* (5)

Weit verbreitete Tendenzen zu Nationalismus, Rassismus, Chauvinismus, Faschismus und Antisemitismus. (6)	*Regionalismus, kulturelle Heterogenität, Weltbürgertum. (6)*
Nation. (7)	*Erde. (7)*
Denken und Handeln in kurzen Zeiträumen. (8)	*Denken und Handeln in langen Zeiträumen. (8)*
Erwartungshaltung, dass kurzfristige Lösungen verfügbar sind. (9)	*Für die Qualität von Lösungen werden Wartezeiten in Kauf genommen. (9)*
Streben nach Sicherheit und Stabilität der Verhältnisse. (10)	*Anerkennung des Sachverhalts, dass Veränderungen und Instabilitäten das persönliche und gesellschaftliche Leben prägen. (10)*
Wenig Verantwortungsbewusstsein im Hinblick auf die nachfolgenden Generationen (Weit verbreitete Nach-mir-die-Sintflut-Mentalität). (11)	*Hohes Verantwortungsbewusstsein im Hinblick auf die nachfolgenden Generationen. (11)*
Mensch gegen Biosphäre. (12)	*Mensch und Biosphäre. (12)*
Mensch gegen Natur. (13)	*Mensch als Teil der Natur. (13)*

Mensch gegen Tier. (14)	*Mensch und Tier.* (14)
Mensch gegen Mensch (Pluralismus, ethnische und kulturelle Unterschiede führen zu Spannungen und Konflikten). (15)	*Mensch und Mensch (Pluralismus, ethnische und kulturelle Unterschiede werden als Bereicherung empfunden).* (15)
Benachteiligung von Frauen. (16)	*Frau und Mann (Dualität) oder nach Ivan Illich »sozialer Genus« und »ökonomischer Sexus« (Illich 1983[218]).* (16)
Patriarchalische Strukturen überwiegen. (17)	*Kooperative Strukturen zwischen Kind, Frau und Mann.* (17)
Erwachsene und Kinder. (18)	*Menschen.* (18)
Weit verbreitetes Konkurrenzdenken. (19)	*Wahrnehmung von Eigeninteressen in Einklang mit den Gesamtinteressen.* (19)
Egoistischer Individualismus. (20)	*Kooperativer Individualismus.* (20)
Weit verbreitete Scheinindividualität durch Fremdbestimmung im Berufs- und Privatleben. (21)	*Rückgang der Scheinindividualität durch Eigeninitiative, reale Mitbestimmung und Ablehnung von Fremdbestimmung.* (21)

Vorherrschende Rationalität im Kontext des Kapitalismus des 21. Jahrhunderts (gut ist, was für das bestehende System erfolgreich ist). (22)	*Rationalität und Intuition im Einklang mit den Zielen der nachhaltigen Entwicklung.* (22)
Zerteilendes Denken dominiert. (23)	*Holistisches Denken wird eingeübt.* (23)
Häufig anzutreffende Ignoranz gegenüber der Tatsache, dass unsere Welt hochgradig nichtlinear ist und sich chaotisch verhält. Dies führt immer häufiger zu gefährlichen Entwicklungen und Katastrophen, weil vieles, was machbar erscheint, auch gemacht wird. (24)	*Anerkennung, dass die Welt nichtlinear ist und sich unvorhersehbar verhält. Das Nichtwissen über das Verhalten nichtlinearer Systeme wird respektiert. Nicht alles, was machbar erscheint, wird gemacht (siehe auch Mittelstaedt 1997[219]).* (24)
Hierarchische Strukturen. (25)	*Flache Hierarchien und starke Ausprägung des Subsidiaritätsprinzips.* (25)
Materielles Wachstum als wichtige Bedingung für höhere Lebensqualität. (26)	*Ideelles, mentales und emotionales Wachstum als wichtige Bedingung für höhere Lebensqualität.* (26)
Rationale vs. emotionale Intelligenz. (27)	*Rationale und emotionale Intelligenz.* (27)

141

Arbeit und Massenkonsum als identitätsstiftende Merkmale. (28)	*Nachhaltige Arbeit, nachhaltiger Konsum und die Verwirklichung ideeller Lebensziele als identitätsstiftende Merkmale. (28)*
Arbeitslosigkeit bedingt durch Produktivitätsfortschritte. (29)	*Anpassung der Arbeitszeit an Produktivitätsfortschritte (systematische Arbeitszeitverkürzung). (29)*
Privatsphäre mit hohem Anteil an Fremdbestimmung (Leben aus dritter Hand durch Medien- und Freizeitindustrie). (30)	*Privatsphäre mit hohem Anteil an Selbstbestimmung durch Eigeninitiative. (30)*
Monetäre Gewinnmaximierung um fast jeden Preis auf der Grundlage von Einzel- und Gruppeninteressen. (31)	*Zurückdrängung der rein monetären Gewinnmaximierung; stärkere Ausrichtung auf sozialen und ökologischen Gewinn. (31)*
Millionäre, Milliardäre. (32)	*Weniger Millionäre, keine Milliardäre durch ein gerechtes Steuersystem. (32)*
Eigentum oft wichtiger als Besitz. (33)	*Besitz (Nutzung) wichtiger als Eigentum. (33)*

Aktiengesellschaften. (34)	*Genossenschaften als Alternative zu Aktiengesellschaften (Umwandlungen von Aktiengesellschaften in Genossenschaften).* (34)
Überwiegend nicht naturverträgliche, also inkonsistente Techniken, die Stoffe und Leistungen der Natur (Ökosystemdienstleistung) nutzen, sie dabei aber schädigen oder zerstören. (35)	*Konsistenz von Techniken, die Stoffe und Leistungen der Natur nutzen, sie aber nicht zerstören.* (35)
Unzureichendes Bewusstsein für Verbrauchsgrenzen und materielle Ansprüche in der Bevölkerung, um Energie und Rohstoffe zu sparen. (36)	*Reduktion unnötigen Verbrauchs von Energie und Rohstoffen als Wettbewerbsmerkmal in Wissenschaft, Technologie, Industrie, Wirtschaft und als Prestigegewinn im Privatleben (»Suffizienzprinzip«).* (36)
Fehlende ökonomische Anreize für Effizienzsteigerungen bei der Nutzung von Energie und Rohstoffen. (37)	*Effizienzsteigerungen bei der Nutzung von Energie und Rohstoffen als Triebkraft in Wissenschaft, Technologie, Industrie und Wirtschaft durch politische Förderungen (siehe auch von Weizsäcker et al. 2010).*[220] (37)

Zu niedrige Preise für fossile Energieträger. (38)	*Drastische Verteuerung fossiler Energieträger über das Steuersystem, um mit den Einnahmen regenerative Energie stärker als bisher zu fördern und um Energiesparmaßnahmen zu forcieren.* (38)
Weltweit hohe Subventionen für fossile Energieträger (Erdöl, Erdgas und Kohle). (39)	*Keine Subventionen für fossile Energieträger, aber Subventionen für eine nachhaltige Energieversorgung.* (39)
Großbanken. (40)	*Genossenschaftsbanken und öffentlich-rechtliche Kreditinstitute (z. B. Sparkassen).* (40)
Monetäre Gewinne durch Spekulationen und Wetten. (41)	*Starke Begrenzung monetärer Gewinne durch Spekulationen und Wetten.* (41)
Produkt gegen Geld (Leistung gegen Geld). (42)	*Produkt gegen Geld plus intensiver Tauschhandel plus Leistung gegen Leistung ohne Geld (z. B. Tauschbörsen). Auch verstärkte Nutzung von Regiogeld und Regionalwährungen.* (42)

Zentralisierung von Macht in Politik, Ökonomie, Wissenschaft, Technologie und Kultur. (43)	*Dezentralisierung in Politik, Ökonomie, Wissenschaft, Technologie und Kultur (Regionalismus) und Aufbau kleinerer, dezentraler und selbstorganisierender Strukturen in Politik, Wirtschaft und Gesellschaft.* (43)
Ausgeprägte Fremdbestimmung in der Arbeitswelt. (44)	*Mehr Mitbestimmung in der Arbeitswelt.* (44)
Kurzlebigkeit und geplantes Veralten von Produkten (geplante Obsoleszenz). Rascher Austausch von Produkten. (45)	*Langlebigkeit von Produkten (Reparaturgesellschaft/Kreislaufwirtschaft). Intensive Pflege und Reparatur von Produkten, um sie möglichst lange zu nutzen.* (45)
Ausgeprägte Risikobereitschaft bei der Einführung neuer Technologien. (46)	*Starke Wahrnehmung des »Vorsorgeprinzips«.* (46)
Mehr als eine Milliarde Menschen leben an Küsten und Flüssen und sind durch die Klimakrise in der näheren Zukunft erheblich bedroht, ihre Existenzgrundlagen durch steigende Meeresspiegel und Hochwasser zu verlieren. (47)	*Vorsorgliche Erhöhung von Deichen als Schutz an Fluss- und Meeresufern. Anpassungen von Dämmen an Flüssen und Renaturierung von Flussbetten. Massive Qualitätssteigerungen an bestehenden Deichen und Dämmen.* (47)

Lückenhafte Handhabung des Verursacherprinzips. (48)	*Das Verursacherprinzip ist Zielvorgabe und Richtschnur zum Schutz der Umwelt und wird durch strengste gesetzliche Regelungen wirksam angewendet.* (48)
Mangelhafte Technikfolgenabschätzung. (49)	*Vollständige Technikfolgenabschätzung.* (49)
Fehlende oder mangelhafte Ökobilanzen für Produkte (Waren und Dienstleistungen). (50)	*Vollständige Ökobilanzen für alle Produkte (Waren und Dienstleistungen) sind Pflicht.* (50)
Externalisierung von ökologischen Kosten bei fast allen Produkten (Waren und Dienstleistungen). (51)	*Bestmögliche Internalisierung von ökologischen Kosten in den Produkten (Waren und Dienstleistungen).* (51)
Zukunftsunfähige, stark auf fossile Ressourcen und Kernenergie basierende Stromerzeugung, die unkalkulierbare Risiken, große Störungen und Zerstörungen in der Umwelt und gesundheitliche Schäden bedingt. (52)	*Nachhaltige Stromerzeugung aus einhundert Prozent regenerativen Energiequellen.* (52)

Zentralisierte, monopolisierte Stromerzeugung. (53)	*Zu großen Teilen dezentrale Stromerzeugung (Wind- und Solarenergie). Zentralisierte Stromerzeugung – möglichst zu einhundert Prozent aus regenerativen Energiequellen (z. B. Wüstenstrom, solarthermische Kraftwerke und Solarfarmkraftwerke) – nur noch für die öffentlichen Infrastrukturen und zum Teil für die Industrien. Ebenfalls zur Sicherstellung der Stromversorgung für den Fall, dass lokale regenerative Energiequellen aus klimatischen oder anderen Gründen (z. B. Dunkelflaute) zu wenig Strom liefern.* (53)
Massenkonsum (Shopping), materielle Orientierungen. Gute Lebensqualität basierend auf nicht nachhaltigen materiellen Lebensstandard. (54)	*Ideelle Bedürfnisse, kulturelle Beteiligung (aktiv und/oder passiv), soziale Kontakte, gesellschaftliches Engagement, gutes Essen und Trinken wichtiger als Massenkonsum. Lebensqualität basierend auf nachhaltigem Lebensstandard.* (54)
Hohe Komplexität von Produktionsverfahren. (55)	*Reduzierung von komplexen Produktionsverfahren.* (55)
Tendenz zur Materialisierung. (56)	*Priorität auf Dematerialisierung.* (56)
Zunehmender Ferntourismus. (57)	*Stark zurückgehender Ferntourismus.* (57)

Nicht nachhaltige Tourismusbranche (Zerstörung von Korallenriffen, erhebliche Umweltbelastungen und Flächenversiegelung, insbesondere durch den Ferntourismus. Zu große Entfernungen zu den Urlaubszielen). (58)	*Nachhaltige Tourismusbranche (Rückbau von sog. Ferienparadiesen und nachhaltiger Umbau von Ferienanlagen. Sanfter Tourismus wird favorisiert, mit geringeren Entfernungen zu den Urlaubszielen, die Flugreisen weniger erforderlich machen).* (58)
Vorherrschende Monokulturen in der Land- und Forstwirtschaft. (59)	*Intensive Förderung von Mischkulturen in der Land- und Forstwirtschaft.* (59)
Zunehmende Abholzung von Wäldern. (60)	*Groß angelegte Aufforstungsprogramme und strengster Schutz für Wälder und Regenwälder.* (60)
Produktdesign für den Weltmarkt (Weltmarken). (61)	*Regionale Produkte für regionale Märkte (Weltmarken werden Luxus).* (61)
Produkte (Waren und Dienstleistungen) zu Dumpinglöhnen. (62)	*Produkte (Waren und Dienstleistungen mit gerechter Entlohnung).* (62)

Produkte mit unvollständigen, unverständlichen und fehlenden Produktdetails. (63)	*Alles, was Menschen an Produkten erwerben oder nutzen, sollte prägnant, allgemeinverständlich und unübersehbar durch die drei Kategorien »besonders schädlich für die Zukunft«, »zukunftsunfähig« oder »zukunftsfähig« gekennzeichnet werden.* (63)
Lineare Unternehmensleitbilder sind vorherrschend, mit folgenden Merkmalen (nach Vester 2000[216]): »Denkweise: konstruktivistisch, deterministisch, produktorientiert, technokratisch. Ziel: Umsatzsteigerung, kurzfristige Gewinnmaximierung, Produktionswachstum, größerer Marktanteil. Man versucht die Zukunft vorherzusehen und strebt bestimmte Zustände an. Orientierung: Vorwiegend an der Konkurrenz. So entsteht ein nach außen fixiertes Unternehmen, das nach innen nur noch fragt: Wie hoch ist mein Marktanteil? Welches Image soll ich aufbauen? Welche Budgetierung ist nötig? Wo liegen noch Rationalisierungsmöglichkeiten?«[217] (64)	*Vernetzte Unternehmensleitbilder sind erwünscht, mit folgenden Merkmalen (nach Vester 2000[221]): »Denkweise: evolutionär, ganzheitlich, funktionsorientiert, kybernetisch. Ziel: Stärkung der Überlebensfähigkeit und Steuerbarkeit des Unternehmens. Man versucht, sich ›die Zukunft geneigt zu machen‹. Man strebt keine Zustände an, sondern Fähigkeiten. Orientierung: Am Vorbild lebender Systeme. Das eigene Unternehmen wird als Organismus in einem größeren System erkannt. Man schaut auf folgendes: Welche gesamtökologischen Auswirkungen hat das Unternehmen? Welche sozialpsychologischen Wirkungen haben seine Produkte? Wie wirken sie auf Umwelt und Lebensraum?«[222] (64)*
Globalisierte Zulieferer. (65)	*Tendenz zu möglichst vielen regionalen Zulieferern.* (65)

Ungerechter Handel mit Bauern und Beschäftigten in den Ländern des globalen Südens. (66)	*Fairer Handel mit Bauern und Beschäftigten in den Ländern des globalen Südens dominiert (siehe auch Internet: www.fairtrade.de).* (66)
Zerstörung von Ressourcen durch unvollständige Wiederverwertung von Abfall und nicht mehr gebrauchten Gütern aller Art. (67)	*Größte Anstrengungen zur vollständigen Wiederverwertung von Abfall und Gütern aller Art (Abfall wird zur Rohstoffquelle).* (67)
Wegwerfmentalität. (68)	*Reparaturmentalität.* (68)
Unvollständiges Recycling. (69)	*Nahezu vollständiges Recycling wird angestrebt.* (69)
Nicht vollständig recycelbare Produkte. (70)	*Optimierung des Anteils vollständig recycelbarer Produkte. Ziel: Alle Produkte können vollständig recycelt werden.* (70)
Großer Flächenverbrauch. (71)	*Keine Zunahme des Flächenverbrauchs, sondern Rückgabe von Flächen an die Umwelt und vielfacher Rückbau von versiegelten Flächen.* (71)

Landzerstörung durch Anhäufung von Brachland, Schuttflächen, nicht mehr genutzten Infrastrukturen, Industrieanlagen und Ähnlichem. (72)	*Landerneuerungsprogramme zur Dezimierung von Brachland, Schuttflächen, nicht mehr genutzten Infrastrukturen, Industrieanlagen und Ähnlichem. (72)*
Unzureichender Meeresschutz. (73)	*Größte Anstrengungen zum Schutz der Meere. Auf der CBD COP 15 wurde im neuen Weltnaturabkommen vereinbart, dass bis zum Jahr 2030 mindestens 30 Prozent der Meeresflächen der Erde unter einem wirksamen Naturschutz gestellt werden sollen (siehe auch die Seiten 66 und 71 – 73). Um die biologische Qualität und die Vielfalt der Arten in den Meeren zu schützen, werden aber deutlich mehr als 30 Prozent der Meeresflächen unter einem wirksamen Naturschutz gestellt. (73)*
Verschmutztes Wasser mit katastrophalen Folgen für die Menschen in den Ländern des globalen Südens. (74)	*Großangelegte Versorgung der Menschen in den Ländern des globalen Südens, zum Beispiel mit dem SkyHydranten.*[223] *(74)*

Unterversorgung ungezählter Menschen in den Ländern des globalen Südens mit Technologien, die dazu beitragen würden, Nachhaltigkeit zu fördern und das Bildungsniveau der Menschen zu verbessern. (75)	*Verstärkte Versorgung vieler Menschen in den ländlichen Gebieten auf den drei Kontinenten des globalen Südens mit »smarten Produkten/smarten Technologien«, z. B. mit solarbetriebenen Energiesparlampen und Stromtankstellen, kleinen Windrädern, Solarzellen, auf die Bedürfnisse zugeschnittenen Agrartechnologien; Personal Computern; Internetzugängen und Ähnlichem.[224] (75)*
Zu großer Fleisch- und Fischkonsum. (76)	*Nachhaltiger Fleisch- und Fischkonsum. (76)*
Denaturierte Lebensmittel dominieren. (77)	*Naturbelassene Lebensmittel werden mehrheitlich bevorzugt. (77)*
Fastfood. (78)	*Slowfood. (78)*
Massenproduktion von Automobilen. (79)	*Übergang zu Mobilitätskonzepten, die den Besitz eigener Automobile drastisch reduzieren und das Verkehrsaufkommen stark absenken. (79)*
Ungebremster Trend zu mehr Straßen. (80)	*Kein weiterer Straßenbau, teilweiser Rückbau von Straßen (Entsiegelung und Renaturierung). (80)*

Steigender Güterfernverkehr durch globalisierte Zulieferer. (81)	*Sinkender Güterfernverkehr durch so viele regionale Zulieferer wie möglich.* (81)
Privatisierung der Stromerzeugung, Wasserbereitstellung, öffentlichen Verkehrsmittel und des Gesundheitswesens. (82)	*Stromerzeugung, Wasserbereitstellung, öffentliche Verkehrsmittel und das Gesundheitswesen bleiben oder werden wieder staatliches und/oder kommunales Eigentum.* (82)
Exponentielles Bevölkerungswachstum in den armen Ländern des globalen Südens. (83)	*Größte Anstrengungen, die Geburtenrate an die Sterberate anzupassen (Bildungsprogramme, Stärkung der Rechte der Frauen, Ausbau der Beschäftigungsmöglichkeiten für Frauen, Verminderung ungewollter Schwangerschaften durch Verhütung und Familienplanung, Anhebung des Lebensstandards als Entwicklungsziele mit allerhöchster Priorität).* (83)
Preise für Lebensmittel stark abhängig vom Weltmarkt, überhöhte Preise durch Nahrungsmittelspekulationen an den Rohstoffbörsen. (84)	*Lokale und regionale Lebensmittelproduktion für lokale und regionale Märkte. Nahrungsmittelspekulationen werden weltweit verboten.* (84)

Agrarsubventionen in den Ländern des globalen Nordens führten und führen aufgrund nicht mehr zu unterbietender Erzeugerpreise zur Zerstörung von Teilen der Agrarwirtschaft (Kleinbauern) in vielen Ländern des globalen Südens. (85)	*Wegfall der Agrarsubventionen in den Ländern des globalen Nordens und starke Förderung der Agrarwirtschaft in den Ländern des globalen Südens durch die Länder des globalen Nordens als Entwicklungsprojekte.* (85)
Hunger von weit über 800 Millionen Menschen und Unterversorgung an Nahrungsmitteln bei zusätzlich mindestens zwei Milliarden Menschen, die zum Teil auch durch Weltmarktpreise für Nahrungsmittel bedingt sind. (86)	*Aufbau von lokalen und regionalen Agrarmärkten in den armen Ländern des globalen Südens mit dem Ziel der vollständigen Selbstversorgung als eines der wichtigsten Entwicklungsprojekte.* (86)
Ackerflächen für Nutzpflanzen zur Energieerzeugung (z. B. Biodiesel aus Ölpflanzen und Bioethanol aus Zuckerrohr). (87)	*Verbot der Nutzung von Ackerflächen für Nutzpflanzen zur Energieerzeugung.* (87)
Starker Einsatz anorganischer Düngemittel und beständiger Pestizide. (88)	*Förderung der Anwendung organischer Düngemittel und unbeständiger Pestizide.* (88)
Grundwissen der nachhaltigen Entwicklung kein Pflichtfach an den Schulen. (89)	*Grundwissen der nachhaltigen Entwicklung wird Pflichtfach an den Schulen.* (89)

Zu wenig Detailwissen über Nachhaltigkeit in fast allen Bereichen der Wirtschaft (Industrie, Handel, Dienstleistungen, Landwirtschaft). (90)	*Detailwissen über Nachhaltigkeit wird in allen Bereichen der Wirtschaft massiv gefördert.* (90)
Expandierende Rüstungsproduktion. (91)	*Rückbau der Rüstungsproduktion durch verstärkte Konversion.* (91)
Friedenspädagogik nicht im Bildungswesen verankert. (92)	*Friedenspädagogik wird fester Bestandteil im Bildungswesen.* (92)
Keine ausreichenden Belohnungssysteme, die nachhaltiges Handeln fördern. Nachhaltiges Handeln wird nur in Marktnischen belohnt, aber nicht auf den Massenmärkten. (93)	*Belohnungssysteme werden aufgebaut, die nachhaltiges Handeln auch für Massenmärkte fördern.* (93)
Zu wenige Sanktionen gegen nicht nachhaltiges Handeln. (94)	*Verstärkte Aktivitäten gegen nicht nachhaltiges Handeln, wobei auch Sanktionen verhängt werden.* (94)
Viel zu wenige Naturschutzgebiete. (95)	*Ausbau eines global verbindlichen Naturschutzgebietssystems. Offizielle Statistiken weisen nur gut zehn Prozent aller Landflächen der Erde als Schutzgebiete aus. Tatsächlich sind es noch weniger, weil das Geld für Wildhüter, Forstwirte und weiteres Personal zur Überwachung und Pflege fehlt. Um den dramati-*

schen Rückgang der Artenvielfalt in Flora und Fauna aufzuhalten, muss ein global verbindliches Naturschutzgebietssystem rasch geschaffen werden. Auf der CBD COP 15 wurde im neuen Weltnaturabkommen vereinbart, dass bis zum Jahr 2030 mindestens 30 Prozent der Landflächen der Erde unter einem wirksamen Naturschutz gestellt werden sollen (siehe auch die Seiten 69 – 71). Dieses von den 196 Teilnehmerstaaten gesteckte Ziel muss erheblich ausgeweitet werden. Der US-amerikanische Insektenkundler, Biologe, Buchautor und zweifacher Pulitzerpreisträger Edward O. Wilson möchte sogar 50 Prozent aller Landflächen der Erde als Schutzgebiete ausgewiesen sehen.[225] Dieses Thema hat er Jahre später publizistisch erneut aufgegriffen und im Jahr 2016 darüber ein Buch mit dem treffenden Titel »Die Hälfte der Erde. Ein Planet kämpf um sein Leben.« veröffentlicht.[226] Er weiß, wovon er spricht, denn er hat sich viele Jahrzehnte intensiv mit »der Zukunft des Lebens« beschäftigt. Für Wilson wäre die Lösung zur Rettung der Artenvielfalt und der allgemeinen Qualität der ökologischen Lebensbedingungen der Erde, die Schutzgebiete drastisch auszuweiten. Über die Ausweitung und Sicherstellung der Schutzgebiete hat er viele detaillierte Pläne ausgearbeitet. (95)

Danksagung

Das Verfassen dieses Buches war erheblich zeitraubender als bei allen anderen meiner Bücher. Die Gründe dafür waren die Zunahme der multiplen Krisen – nicht nur im Kontext der Klimakrise und des Massenaussterbens in der Flora und Fauna. Sie haben den Text immer wieder beeinflusst. Hinzu kam der verbrecherische Angriffskrieg Russlands auf die Ukraine, der ebenfalls dieses Buch beeinflusst hat. Aus diesen Gründen wurde das Verfassen dieses Buches viel schwieriger als ursprünglich gedacht.

Vor diesem Hintergrund hat meine Frau Mechthild mit sehr viel Engagement und Geduld erheblich zum Gelingen dieses Buches beigetragen. Sie hat stets die ersten Fassungen der Texte bekommen und insgesamt ein sehr gutes erstes Lektorat durchgeführt. Fast immer habe ich einzelne Passagen mehrfach verändert. Sie mussten überprüft werden und wurden mit meiner Frau diskutiert. Durch jede Textkorrektur, die meine Frau vorgenommen hat, wurde der Text besser. Dafür muss ich ihr ganz besonders danken.

Großer Dank richtet sich an meine Lektorin Dr. Heike Wilde, die das gesamte Buch begleitet hat.

Weiterer Dank geht an Dr. Hermann Ühlein von der Peter Lang Group. Er hat mich insbesondere in der Frühphase der Manuskriptfassung ausgezeichnet beraten. Für die gute Zusammenarbeit geht mein Dank auch an Anja Lee, Hitashi Chawla und Regina Böhm-Korff von der Peter Lang Group.

Last but not least geht besonderer Dank an Ernst Ulrich von Weizsäcker für das Verfassen des Vorwortes.

Haltern am See, 03. Juli 2023 *Werner Mittelstaedt*

Anmerkungen

[1] Bloch, Ernst (1959). *Das Prinzip Hoffnung. (Teil I – V, Kap. 1 – 37).* Frankfurt/Main: Suhrkamp, S. 1.
[2] Coelho, Paulo (2007). *Der Dämon und Fräulein Prym.* Zürich: Diogenes.
[3] Hawking, Stephen W. (1988). *Eine kurze Geschichte der Zeit.* Hamburg: Rowohlt.
[4] Tobisch, Lotte (2019). *Auf den Punkt gebracht. Ansichten einer Lady. Aufgezeichnet von Michael Fritthum.* Wien: Amalthea Signum.
[5] Hauff, Volker, Hg. (1987). *Unsere gemeinsame Zukunft. Der Brundtland-Bericht der Weltkommission für Umwelt und Entwicklung.* Greven: Eggenkamp.
[6] Germanwatch (2021). Die Große Transformation. Abgerufen am 03.11.2021, von https://germanwatch.org/de/11459.
[7] Schneidewind, Uwe (2018). *Die Große Transformation. Eine Einführung in die Kunst gesellschaftlichen Wandels.* Frankfurt/Main: Fischer Taschenbuch, S. 11.
[8] Academic (2022). Ambivalenz. Abgerufen am 07.08.2022, https://universal_lexikon.de-academic.com/32236/Ambivalenz.
[9] Wikipedia (2021). Ambivalenz. Abgerufen am 03.11.2021, von https://de.wikipedia.org/wiki/Ambivalenz.
[10] Mihatsch, Christian, Jörg Staude und Joachim Wille (2021). »UN-Klimakonferenz - Auf den letzten Drücker - Nach dramatischen Stunden ist es am Ende dann wieder einmal geschafft – der ›Klimapakt von Glasgow‹ steht. Doch die Abschlusserklärung löst vor allem Unverständnis aus.« In: Frankfurter Rundschau, 15. November 2021, S. 2.
[11] Latif, Mojib (2020). *Heisszeit. Mit Vollgas in die Klimakatastrophe – und wie wir auf die Bremse treten.* Freiburg im Breisgau: Herder.
[12] Latif, Mojib im Gespräch mit Joachim Wille (2021). »Ich bin maßlos enttäuscht. Klimaforscher Mojib Latif über die Ergebnisse des Glasgower Gipfels.« In: Frankfurter Rundschau, 15. November 2021, S. 3.
[13] UN Environment Programme (2021). Emissions Gap Report 2021. Abgerufen am 16.11.2021, von https://www.unep.org/resources/emissions-gap-report-2021.
[14] Frankfurter Rundschau (2022). UN-Klimakonferenz: Ergebnisse des COP27 »enttäuschend« und »frustrierend«. Abgerufen am 20.11.2022, von https://www.fr.de/politik/un-klimakonferenz-cop27-ergebnisse-klimagipfel-klimawande-kohleausstieg-emission-aegypten-zr-91927075.html.
[15] Germanwatch (2022). Mit großer Mühe: Weltgemeinschaft rettet wesentliche Elemente für globalen Klimaschutz. Abgerufen am 20.11.2022, von https://www.germanwatch.org/de/87658.
[16] Prognos AG (2022). Projektbericht »Kosten durch Klimawandelfolgen« Schäden der Sturzfluten und Überschwemmungen im Juli 2021 in Deutschland. Eine ex-post-Analyse. Abgerufen am 22.03.2023, von https://www.prognos.com/sites/default/files/2022-07/Prognos_KlimawandelfolgenDeutschland_Detailuntersuchung%20Flut_AP2_3b_.pdf.
[17] Die Bundesregierung (2021). Klimaschutzgesetz 2021. Abgerufen am 12.08.2022, von https://www.bundesregierung.de/breg-de/themen/klimaschutz/klimaschutzgesetz-2021-1913672.
[18] Umweltbundesamt Texte 14/2023 (2023). *Abschlussbericht. Flüssiger Verkehr für Klimaschutz und Luftreinhaltung.* Dessau-Roßlau: Umweltbundesamt.
[19] ebd.

[20] IPCC (2023). AR6 Synthesis Report: Climate Change 2023. Abgerufen am 21.03.2023, von https://www.ipcc.ch/report/sixth-assessment-report-cycle/.
[21] Di Cesare, Donatella (2020). *Von der politischen Berufung der Philosophie*. Berlin: Matthes & Seitz, S. 7.
[22] Siehe auch: Schulze, Gerhard (2003). *Die beste aller Welten. Wohin bewegt sich die Gesellschaft im 21. Jahrhundert*. München: Carl Hanser Verlag.
[23] Mittelstaedt, Werner (2020). *Anthropozän und Nachhaltigkeit. Denkanstöße zur Klimakrise und für ein zukunftsfähiges Handeln*. Berlin et al.: Peter Lang.
  Crutzen, Paul J. und Eugene F. Stoermer (2000).»The ›Anthropocene‹«. In: Global Chance NewsLetter, May 2000, Stockholm: IGBP Secretariat, The Royal Swedish Academy of Sciences, Sweden, S. 17-18.
  Crutzen, Paul J. (2002).»Geology of mankind – The Anthropocene« In: Nature 415, S. 23.
  Crutzen, Paul J. (2011).»Die Geologie der Menschheit«. In: »Die Erde hat keinen Notausgang«, Berlin: Suhrkamp Verlag.
[24] Bundesministerium für wirtschaftliche Zusammenarbeit (o. J.). Ziele. Die Agenda 2030 für nachhaltige Entwicklung. Abgerufen am 12.05.2021, von https://www.bmz.de/de/agenda-2030.
[25] Andersen, Hans Christian und Eve Tharlet [illustriert] (2020) [1837]. *Des Kaisers neue Kleider*. Zürich: NordSüd Verlag.
[26] Carson, Rachel (1962). *Der stumme Frühling*. München: Biederstein-Verlag.
[27] Meadows, Dennis et al. (1972). *Die Grenzen des Wachstums. Bericht des Club of Rome zur Lage der Menschheit*. Stuttgart: Deutsche Verlags-Anstalt.
[28] Siehe auch: Hartmann, Kathrin (2018). *Die grüne Lüge. Weltrettung als profitables Geschäftsmodell*. München: Karl Blessing Verlag.
[29] Diesenreiter, Cornelia (2021). *Nachhaltig. Gibt's nicht!* Wien und Graz: Molden Verlag, S.157.
[30] ebd., S. 98-99.
[31] Sloterdijk, Peter (2023). Die Reue des Prometheus. Von der Gabe des Feuers zur globalen Brandstiftung. Berlin: Suhrkamp, S. 59.
[32] Bloch, Ernst (1959). *Das Prinzip Hoffnung. (Teil I – V, Kap. 38 – 55)*. Frankfurt/Main: Suhrkamp, S. 1628.
[33] Siehe auch: Mittelstaedt, Werner (2008). *Das Prinzip Fortschritt. Ein neues Verständnis für die Herausforderungen unserer Zeit*. Frankfurt/Main et al.: Peter Lang.
[34] Weizsäcker, Ernst Ulrich von, Anders Wijkman et al. (2019). *Wir sind dran! Was wir ändern müssen, wenn wir bleiben wollen*. Gütersloh: Gütersloher Verlagshaus.
[35] Deutschlandfunk (2016). Klimawandel / Jeder New-York-Fluggast lässt drei Quadratmeter Arktis-Meereis schmelzen. Abgerufen am 05.12.2021, von https://www.deutschlandfunk.de/klimawandel-jeder-new-york-fluggast-laesst-drei-100.html.
[36] Wetterkanal (2021). Liste mit Hitzerekorden in Deutschland. Abgerufen am 15.12.2021, von https://wetterkanal.kachelmannwetter.com/liste-von-hitzerekorden-in-deutschland/.
[37] Deutscher Wetterdienst (2022). Trockenheit in Europa 2022. Abgerufen am 10.08.2022, von https://www.dwd.de/DE/leistungen/besondereereignisse/duerre /20220706_trockenheit _europa_2022.pdf?
[38] Die Bundesregierung (2021). Waldbericht 2021. Abgerufen am 15.12.2021, von https://www.bundesregierung.de/bregde/suche/waldbericht-20 21-1941652.
[39] SWR Aktuell (2021). SWR-Datenanalyse zur Flutkatastrophe an der Ahr. Abgerufen am 15.12.2021, von https://www.swr.de/swraktuell/rheinland-pfalz/flut-in-ahrweiler-so-gross-ist-der-schaden-104.html.

[40] RedaktionsNetzwerk Deutschland (2021). Ahrweiler: 3,7 Milliarden Euro Schaden an kommunalen Gebäuden. Abgerufen am 22.03.2023, von https://www.rnd.de/panorama/hochwasser-ahrweiler-beziffert-flutschaeden-auf-3-7-milliarden-euro-allein-an-kommunalen-gebaeuden-ZR7MYBSWYJF5S6MWOCT2UKLUYY.html.

[41] Statista (2021). Die 10 wärmsten Jahre weltweit nach Durchschnittstemperatur seit 1880. Abgerufen am 17.12.2021, von https://de.statista.com/statistik/daten/studie/158082/umfrage/klimawandel---die-10-waermsten-jahre-seit-1880/.

[42] UnwetterZentrale (2021). Unwetterereignisse aus Deutschland. Abgerufen am 17.12.2021, von https://www.unwetterzentrale.de/uwz/221.html.

[43] IPCC Deutsche Koordinierungsstelle (2021). IPCC: Zwischenstaatlicher Ausschuss für Klimaänderungen. Abgerufen am 05.12.2021, von https://www.de-ipcc.de/119.php.

[44] Intergovernmental Panel on Climate Change (2021). Climate Change 2021. The Physical Science Basis. Summary for Policymakers. Abgerufen am 06.12.2021, von https://www.ipcc.ch/report/ar6/wg1/downloads/report/IPCC_AR6_WGISPM_final.pdf #page=33.

[45] ebd.

[46] ebd.

[47] IPCC Deutsche Koordinierungsstelle (2021). Sechster IPCC-Sachstandsbericht (AR6), Beitrag von Arbeitsgruppe I: Naturwissenschaftliche Grundlagen. Abgerufen am 13.12.2021, von https://www.de-ipcc.de/media/content/IPCC-AR6-WGI_Hauptaussagen_deutsch.pdf.

[48] ebd.

[49] IPCC Deutsche Koordinierungsstelle (2022). Arbeitsgruppe III: Minderung des Klimawandels. Hauptaussagen aus der Zusammenfassung für die politische Entscheidungsfindung (SPM). Abgerufen am 16.05.2022, von https://www.de-ipcc.de/270.php#Übersetzungen%20zum%20AR6-WGIII.

[50] Helmholtz. Klima Initiative (2022). Der neue Sachstandsbericht des Weltklimarats (WG III). Minderung des Klimawandels. Abgerufen am 16.05.2022, von https://www.helmholtz-klima.de/aktuelles/der-neue-sachstandsbericht-des-weltklimarats-wg-iii.

[51] Europäisches Parlament (2021). Was versteht man unter Klimaneutralität und wie kann diese bis 2050 erreicht werden? Abgerufen am 13.12.2021, von https://www.europarl.europa.eu/news/de/headlines/society/20190926STO62270/was-versteht-man-unter-klimaneutralitat.

[52] Staude, Jörg (2021). »1,5 Grad besänftigen das Wetter nicht.« In: Frankfurter Rundschau, 15. August 2021, S. 10.

[53] IPCC Sixth Assessment Report (2022). Climate Change 2022: Impacts, Adaptation and Vulnerability. Abgerufen am 06.03.2022, von https:// www.ipcc.ch/report/ar6/wg2/.

[54] Germanwatch (2022). Pressemitteilung vom 28.02.2022: Wir brauchen ein umfassendes System zum Schutz vor der zerstörerischen Wucht der Klimakrise. Abgerufen am 06.03.2022, von https://www.germanwatch.org/de/85003.

[55] ebd.

[56] Statista (2021). Prognose zu den energiebedingten Kohlendioxid-Emissionen weltweit in den Jahren 2018 bis 2050. Abgerufen am 14.12.2021, von https://de.statista.com/statistik/daten/studie/28937/umfrage/prognose-zur-kohlendioxid-emission-weltweit-bis-2050/.

[57] Internationale Energieagentur (2021). 2023 neuer Höchststand bei CO2-Emissionen. Abgerufen am 14.12.2020, von https://www.faz.net/aktuell/wirtschaft/klima-nachhaltigkeit/internationale-energieagentur-2023-neuer-hoechststand-bei-co2-emissionen-17445609.html.

[58] Schellnhuber, Hans Joachim (2015). *Selbstverbrennung. Die fatale Dreiecksbeziehung zwischen Klima, Mensch und Kohlenstoff.* Gütersloh: C. Bertelsmann Verlag.
[59] ebd.
[60] Mercator Research Institute on Global Commons and Climate Change (MCC) gGmbH (2021). So schnell tickt die CO_2-Uhr. Abgerufen am 06.12.2021, von https://www.mcc-berlin.net/forschung/co2-budget.html.
[61] World Meteorological Organization (2022). WMO update: 50:50 chance of global temperature temporarily reaching 1.5°C threshold in next five years. Abgerufen am 16.05.2022, von https://public.wmo.int/en/media/ press-release/wmo-update-5050-chance-of-global-temperature-tempor arily-reaching-15°c-threshold.
[62] ebd.
[63] Stockholm International Peace Research Institute – SIPRI (2023). Abgerufen am 15.05.2023, von https://www.sipri.org/media/press-release/2023/world-military-expenditure-reaches-new-record-high-european-spending-surges.
[64] Statista (2023). Höhe der weltweiten Militärausgaben von 2005 bis 2022. Abgerufen am 15.05.2023, von https://de.statista.com/statistik/daten/studie/36397/umfrage/entwicklung-der-weltweiten-militaerausgaben/.
[65] Gabriel, Markus (2020). *Fiktionen.* Berlin: Suhrkamp Verlag, S. 627.
[66] Baum, Gerhard (2021). *Freiheit. Ein Appell.* München und Salzburg: Benevento Verlag, S. 82-83.
[67] Siehe auch: Mittelstaedt, Werner (2008). *Das Prinzip Fortschritt. Ein neues Verständnis für die Herausforderungen unserer Zeit.* Frankfurt/Main et al.: Peter Lang, S. 22-54.
[68] Steffen W., W. Broadgate, L. Deutsch et al. »The Trajectory of the Anthropocene: The Great Acceleration«. In: The Anthropocene Review, 2015, 2. Jg., Nr. 1, S. 81-98.
[69] Zeit Online (2012). Die stille Revolution der Mittelschicht. Abgerufen am 31.01.2022, von https://www.zeit.de/wirtschaft/2012-03/globale-mittelschicht/komplettansicht.
[70] Wirtschaftslexikon24.com (2022). Konsummuster. Abgerufen am 30.01.2022, von http://www.wirtschaftslexikon24.com/d/konsummuster/konsummuster.htm.
[71] Illich, Ivan (1978). *Fortschrittsmythen. Schöpferische Arbeitslosigkeit. Energie und Gerechtigkeit. Wider die Verschulung.* Reinbek bei Hamburg: Rowohlt Verlag, S. 63.
[72] Naturverbrauch entsteht durch die Verbrennung der fossilen Energieträger Braunkohle, Steinkohle, Torf, Erdgas und Erdöl sowie durch die Vergeudung von Wasser und weiteren vielfältigen Belastungen für die Biodiversität durch menschliche Eingriffe in das Erdsystem.
[73] Finanzen-Lexikon (2022). Rebound-Effekt. Abgerufen am 30.01.2022, von https://www.finanzen-lexikon.de/cms/glossar-lexikon/40-lexikon-r/412-rebound-effekt.html.
[74] Umweltbundesamt (2022). Rebound-Effekte. Abgerufen am 30.01.2022, von https://www.umweltbundesamt.de/themen/abfall-ressourcen/oekonomische-rechtliche-aspekte-der/rebound-effekte.
[75] Diesenreiter, Cornelia (2021). *Nachhaltig. Gibt's nicht!* Wien und Graz: Molden Verlag, S.44.
[76] Reckwitz, Andreas (2020). *Das Ende der Illusionen. Politik, Ökonomie und Kultur in der Spätmoderne.* Berlin: Suhrkamp.
[77] ebd., S. 86-87.
[78] Steffen W., W. Broadgate, L. Deutsch et al. »The Trajectory of the Anthropocene: The Great Acceleration«. In: The Anthropocene Review, 2015, 2. Jg., Nr. 1, S. 81-98.
[79] Shawn, Wallace (1992). *Das Fieber: Monolog.* Reinbek bei Hamburg: Rowohlt Verlag.

[80] Eppler, Erhard (1975). *Ende oder Wende. Von der Machbarkeit des Notwendigen.* Frankfurt/Main, Wien und Zürich: Büchergilde Gutenberg, S. 36-38.

[81] Serres, Michel (1994). *Der Naturvertrag.* Frankfurt/Main: Suhrkamp, S. 54-56.

[82] Siehe auch: Mittelstaedt, Werner (2020). *Anthropozän und Nachhaltigkeit. Denkanstöße zur Klimakrise und für ein zukunftsfähiges Handeln.* Berlin et al.: Peter Lang.

[83] Siehe auch: Mittelstaedt, Werner (2004). *Kurskorrektur. Bausteine für die Zukunft.* Frankfurt/Main: Edition Büchergilde.

[84] Mander, Jerry und Edward Goldsmith, Hg. (2002). Schwarzbuch Globalisierung. Eine fatale Entwicklung mit vielen Verlierern und wenigen Gewinnern. Frankfurt/Main, Wien und Zürich: Büchergilde Gutenberg, S.485-486.

[85] Glaubrecht, Matthias (2021). *Das Ende der Evolution. Der Mensch und die Vernichtung der Arten.* München: Pantheon-Verlag, S. 36-27.

[86] Siehe auch: Bundesministerium für Umwelt, Naturschutz, nukleare Sicherheit und Verbraucherschutz (2022). Der Beschluss von Montreal zum Schutz der Natur. Abgerufen am 17.01.2023, von https://www.bmuv.de/download/der-beschluss-von-montreal-zum-schutz-der-natur.

[87] Siehe auch: Wikipedia (2023). Übereinkommen über die biologische Vielfalt. Abgerufen am 08.01.2023, von https://de.wikipedia.org/wiki/ Übereinkommen_über _die_ biologische _Vielfalt.

[88] Bundesministerium für Umwelt, Naturschutz, nukleare Sicherheit und Verbraucherschutz (2023). 15. Weltnaturkonferenz (CBD COP 15) beschließt neue globale Vereinbarung, die Naturzerstörung stoppen und Trendwende einleiten soll. Abgerufen am 08.01.2023, von https: //www.bmuv.de/pressemitteilung/montreal-moment-fuer-die-natur.

[89] Siehe auch: Convention on Biological Diversity (2022). COP15: Final Text of Kunming-Montreal Global Biodiversity Framework available in all UN languages. Abgerufen am 09.01.2023, von https://www.cbd.int/article/cop15-final-text-kunming-montreal-gbf-221222.

[90] Siehe auch: Mittelstaedt, Werner (2020). *Anthropozän und Nachhaltigkeit. Denkanstöße zur Klimakrise und für ein zukunftsfähiges Handeln.* Berlin et al.: Peter Lang, S. 154-155.

[91] Siehe auch: Umweltbundesamt (2009). Biologisch abbaubare Kunststoffe. Abgerufen am 17.01.2023, von https://www.umweltbundesamt.de/sites/default/files/medien/publikation/long/3834.pdf.

[92] ebd.

[93] Siehe auch: Mittelstaedt, Werner (2020). *Anthropozän und Nachhaltigkeit. Denkanstöße zur Klimakrise und für ein zukunftsfähiges Handeln.* Berlin et al.: Peter Lang, S. 54-56, 170.

[94] Siehe auch: Stern (2021). Maßnahme gegen den Klimawandel: Umweltschützer fordern Tempolimit für Schiffe. Abgerufen am 17.01.2023, von https://www.stern.de/gesellschaft/ klimawandel--umweltschuetzer-fordern-tempolimit-fuer-containerschiffe-30728160.html.

[95] NABU (2022). Rund 200 Staaten beschließen ein neues Weltnaturabkommen. Abgerufen am 16.01.2023, von https://www.nabu.de/news/2022/ 12/32685.html.

[96] National Geographic (2023). Was bedeutet das historische Hochseeabkommen der UN? Abgerufen am 12.03.2023, von https://www.nationalgeographic.de/umwelt/2023/03/was-bedeutet-das-historische-hochseeab kommen-der-un.

[97] ebd.

[98] ebd.

[99] Siehe auch: Mittelstaedt, Werner (2008). *Das Prinzip Fortschritt. Ein neues Verständnis für die Herausforderungen unserer Zeit.* Frankfurt/Main et al.: Peter Lang.

[100] Siehe auch: Mittelstaedt, Werner (2020). *Anthropozän und Nachhaltigkeit. Denkanstöße zur Klimakrise und für ein zukunftsfähiges Handeln.* Berlin et al.: Peter Lang, S.121.

[101] Siehe auch: Mittelstaedt, Werner (2021).»Wachstumswende – eine zwingende Notwendigkeit«. In: Transformation und Wachstum. Alternative Formen des Zusammenspiels von Wirtschaft und Gesellschaft. Hg. Harald Pechlaner, Daria Habicher und Elisa Innerhofer. Wiesbaden: Springer Gabler.

[102] Bundesministerium für wirtschaftliche Zusammenarbeit (2022). Agenda 2030. Die globalen Ziele für nachhaltige Entwicklung. Abgerufen am 11.09.2022, von https://www.bmz.de/de/agenda-2030.

[103] Mittelstaedt, Werner (2020). *Anthropozän und Nachhaltigkeit. Denkanstöße zur Klimakrise und für ein zukunftsfähiges Handeln.* Berlin et al.: Peter Lang, S.195-196.

[104] Kunsthalle Münster (2021). Nimmersatt? Gesellschaft ohne Wachstum denken. Abgerufen am 24.08.2022, von https://www.kunsthallemuenster.de/de/programm/nimmersatt-gesellschaft-ohne-wachstum-denken/.

[105] Schlepütz, Birgit (2022). Wachstum neu denken: Nimmersatt Part III. Kunsthalle Münster. Abgerufen am 12.09.2022, von https://kunstraum-muenster.de/2021/12/29/nimmersatt-gesellschaft-ohne-wachstum-denken-part-iii/.

[106] Statista (2022). Umsätze mit Fernsehwerbung weltweit 2018. Abgerufen am 27.08.2022, von https://de.statista.com/statistik/daten/studie/1100687/umfrage/umsaetze-mit-fernsehwerbung-weltweit/.

[107] Statista (2022). Anzahl der TV-Werbespots in Deutschland. Abgerufen am 27.08.2022, von https://de.statista.com/statistik/daten/studie/4771/ umfrage/anzahl-der-tv-werbespots-in-deutschland-seit-2000.

[108] Lasn, Kalle (2005). *Culture Jamming. Die Rückeroberung der Zeichen.* Frankfurt/Main: Büchergilde Gutenberg, S. 33.

[109] Gasometer Oberhausen (2021). Das zerbrechliche Paradies. Abgerufen am 26.08.2022, von https://www.gasometer.de/de/ausstellungen/das-zerbrechliche-paradies.

[110] Schmitz, Jeanette und Gasometer Oberhausen GmbH, Hg. (2021). *Das zerbrechliche Paradies.* Essen: Klartext Verlag.

[111] Gasometer Oberhausen (2021). Das zerbrechliche Paradies. Abgerufen am 26.08.2022, von https://www.gasometer.de/de/ausstellungen/das-zerbrechliche-paradies.

[112] Fischer, Joschka (2022). *Zeitenbruch. Klimawandel und die Neuausrichtung der Weltpolitik.* Köln: Kiepenheuer & Witsch.

[113] Jaspers, Karl (1958). *Die Atombombe und die Zukunft des Menschen.* München: Piper & Co Verlag, S. 5.

[114] Die Weltwoche (2022). »Konsequenzen, wie Sie sie noch nie gesehen haben«: Putin droht unverhohlen mit Atomwaffen. Eine Zeitenwende und ein Weckruf für den verweichlichten Westen. Abgerufen am 27.03.2022, von https://weltwoche.ch/daily/zeitenwende-putin-droht-unverhohlen-mit-atomwaffen-ein-weckruf-fuer-den-verweichlichten-westen /.

[115] Wikipedia (2022). Recht zur Selbstverteidigung. Abgerufen am 20.10.2022, von https://de.wikipedia.org/wiki/Recht_zur_Selbstverteidigung.

[116] dwds.de (2022). Zivilisationsbruch. Bedeutung. Abgerufen am 03.10.2022, von https://www.dwds.de/wb/Zivilisationsbruch.

[117] Die Bundesregierung (2022). Regierungserklärung von Bundeskanzler Olaf Scholz am 27. Februar 2022. Abgerufen am 27.03.2022, von https://www.bundesregierung.de/breg-de/aktuelles/regierungserklae rung-von-bundeskanzler-olaf-scholz-am-27-februar-2022-2008356.
[118] Statista (2022). Anzahl der nuklearen Sprengköpfe weltweit 2022. Abgerufen am 03.10.2022, von https://de.statista.com/statistik/daten/studie/36401/umfrage/anzahl-der-atomsprengk oepfe-weltweit/.
[119] Fischer, Lars. »Taktische Atomwaffen bedrohen den Weltfrieden« In: Spektrum der Wissenschaft, Ausgabe 10/2022, S. 26-27. Heidelberg: Spektrum der Wissenschaft Verlagsgesellschaft mbH.
[120] ICAN (2022). UN-Atomwaffenkonferenz ohne Ergebnis. Abgerufen am 03.10.2022, von https://ki2o.mjt.lu/nl3/3VhFKV7V3kG78Al3pCWihQ.
[121] Siehe auch: Bundeszentrale für politische Bildung (2023). Übersicht Rüstungskontrollverträge. Abgerufen am 23.02.2023, von https://sicherheitspolitik.bpb.de/de/m7/overview.
[122] Siehe auch: Zeit Online (2023). Russland verankert Aussetzung von New-Start-Vertrag gesetzlich. Abgerufen am 23.02.2023, von https://www.zeit.de/politik/ausland/2023-02/russland-parlament-aussetzung-new-start-gesetz?
[123] Siehe auch: Zeit Online (2023). Russland verankert Aussetzung von New-Start-Vertrag gesetzlich. Abgerufen am 23.02.2023, von https://www.zeit.de/politik/ausland/2023-02/russland-parlament-aussetzung-new-start-gesetz?
[124] Wikipedia (2022). Liste von Kriegen. Abgerufen am 13.10.2022, von https://de.wikipedia.org/wiki/Liste_von_Kriegen.
[125] Bundesministerium der Verteidigung (2023). Rüstungskontrolle. Abgerufen am 25.02.2023, von https://www.bmvg.de/de/themen/friedenssicherung/ruestungskontrolle.
[126] Tagesschau (2022). Rüstungsexporte nach Saudi-Arabien Eine "hochproblematische" Entscheidung. Abgerufen am 25.02.2023, von https: //www.tagesschau.de/investigativ/monitor/ruestungsexporte-saudi-arabien-jemen-101.html.
[127] Statista (2021). Sipri-Bericht 2021. Das sind die größten Waffenhändler weltweit. Abgerufen am 25.02.2023, von https://de.statista.com/infografik/24412/das-sind-die-groessten-waf fenhaendler-weltweit/.
[128] Siehe auch: buechel.nuklearban.de (2022). Atomwaffen abschaffen! Dringender denn je! Abgerufen am 12.10.2022, von https://buechel.nuc learban.de.
[129] Tagesschau (2022). Abschlusserklärung G20-Gipfel. Abgerufen am 23.02.2023, von https: //www.tagesschau.de/ausland/asien/abschlusserklaerung-g20-gipfel-101.html.
[130] ebd.
[131] ICAN (2022). G20 Staaten verurteilen Drohung mit Atomwaffen. Abgerufen am 19.11.2022, von https://ki2o.mjt.lu/nl3/rm_llQsJVKw-ZUN BLZ9xmQ.
[132] Tagesschau (2023). NATO macht Ernst mit dem Zwei-Prozent-Ziel. Abgerufen am 20.06.2023, von https://www.tagesschau.de/ausland/nato-verteidigungsausgaben-100.html.
[133] Siehe auch: Mittelstaedt, Werner (2022). »Der verheerende Krieg Russlands gegen die Ukraine, die Drohung Putins mit Atomwaffen und die Zukunft der Weltgesellschaft«. In: Blickpunkt Zukunft 73, April 2022, S. 3, Haltern am See (www.blckpunkt-zukunft.com).
[134] Siehe auch: swr2 (1999). Grüner Außenminister Joschka Fischer für Kriegseinsatz der Bundeswehr im Kosovo. Abgerufen am 20.10.2022, von https://www.swr.de/swr2/wissen/archivradio/joschka-fischer-nie-wieder-auschwitz-als-begruendung-fuer-kosovo-kriegs einsatz-100.html.

165

[135] Siehe auch: Greenpeace (2022). LNG – sechs Mythen zu Flüssiggasterminals. Abgerufen am 26.10.2022, von https://www.greenpeace.de/ klimaschutz/energiewende/gasausstieg/lng-sechs-mythen.

[136] Statista (2023). Anzahl der betriebenen und geplanten Terminals für Flüssigerdgas in Europa nach Land im Jahr 2022. Abgerufen am 23.01.2023, von https://de.statista.com/statistik/daten/studie/ 1154199/ umfrage/lng-terminals-in-europa/.

[137] GEO Magazin (2022). Kontroverse um Flüssiggas: Das sollten Sie über LNG wissen. Abgerufen am 27.10.2022, von https://www.geo.de/natur/nachhaltigkeit/lng--das-sollten-sie-ueber-fluessiggas-wissen-31636266.html#3-wie-stehen-die-regierungen-von-bund-und-laendern-zu-lng.

[138] Öko-Institut e.V. (2020). Lkw: flüssiges Erdgas ist keine Option für Klimaschutz. Abgerufen am 29.10.2022, von https://www.oeko.de/presse/archiv-pressemeldungen/presse-detail seite/2020/lkw-fluessiges -erdgas-ist-keine-option-fuer-klimaschutz.

[139] Vgl. Deutsche Energie-Agentur (2022). Projekt Bio-LNG. Abgerufen am 02.11.2022, von https://www.dena.de/themen-projekte/projekte/mobilitaet/initiative-bio-lng/.

[140] mdr Wissen (2022). Studie von Weltwetterorganisation und Copernicus. Vergangene 30 Jahre: Temperaturen in Europa stark gestiegen. Abgerufen am 04.11.2022, von https://www.mdr.de/ wissen/temperaturen-europa-stark-gestiegen-100.html.

[141] Zentrum Wasserstoff.Bayern (2022). Wasserstoff-FAQs. Abgerufen am 11.12.2022, von https://h2.bayern/infothek/faqs/.

[142] Bundesministerium für Umwelt, Naturschutz, nukleare Sicherheit und Verbraucherschutz (BMUV) (2022). Effizienz und Kosten: Lohnt sich der Betrieb eines Elektroautos? Abgerufen am 11.12.2022, von https://www.bmuv.de/themen/luft-laerm-mobilitaet/verkehr/elektromobilitaet/effizienz-und-kosten.

[143] RP-Energie-Lexikon (2022). Wirkungsgrad Dieselmotor. Abgerufen am 12.12.2022, von https://www.energie-lexikon.info/dieselmotor.html.

[144] Bund für Umwelt und Naturschutz Deutschland e.V. (BUND) (2022). Klimaschutz durch grünen Wasserstoff? Abgerufen am 11.12.2022, von https://www.bund.net/energiewende/erneuerbare-energien/power-to-x/wasserstoff/.

[145] Vgl. Die Bundesregierung (2022). Abschied von der Kohleverstromung. Abgerufen am 05.12.2022, von https://www.bundesregierung.de/breg-de/themen/klimaschutz/kohleausstiegsgesetz-1716678.

[146] Agora Energiewende (2023). Die Energiewende in Deutschland: Stand der Dinge 2022. Rückblick auf die wesentlichen Entwicklungen sowie Ausblick auf 2023. Abgerufen am 05.01.2023, von https://static.agora-energiewende.de/fileadmin/Projekte/2022/2022-10_DE_JAW2022/A-EW_283_JAW2022_WEB.pdf.

[147] ebd.

[148] Energie & Management (2022). Die Altmaier-Delle wirkt nach. Abgerufen am 05.12.2022, von https://www.energie-und-management.de/nachrichten/erneuerbare/detail/die-altmaier-delle-wirkt-nach-160914.

[149] Vgl. Die Bundesregierung (2022). Mehr Energie aus erneuerbaren Quellen. Abgerufen am 05.12.2022, von https://www.bundesregierung.de/breg-de/themen/klimaschutz/energiewende-beschleunigen-2040310.

[150] Statista (2022). Nennleistung der aktiven Kernkraftwerke in Deutschland im Jahr 2022. Abgerufen am 08.12.2022, von https://de.statista.com/statistik/daten/studie/181592/umfrage/kernkraftwerke-in-deutschland-top-10-nach-leistung/.

[151] Statista (2022). Nettostromverbrauch in Deutschland in den Jahren 1991 bis 2021. Abgerufen am 05.12.2022, von https://de.statista.com/statistik/daten/studie/164149/umfrage/nettostromverbrauch-in-deutschland-seit-1999/.
[152] ebd.
[153] Die Bundesregierung (2022). Generationenvertrag für das Klima. Abgerufen am 05.12.2022, von https://www.bundesregierung.de/breg-de/themen/klimaschutz/klimaschutzgesetz-20 21-1913672.
[154] Albrecht, Peter-Georg (2022). *Umweltpolitik ohne Durchsetzungsvermögen? Staatliches Handeln aus der Perspektive von Umweltengagierten*. Berlin et al.: Peter Lang.
[155] ZDFheute, Alia Bouhaha und Nadine Braun (2022). Wie es um die Windkraft in Deutschland steht. Abgerufen am 12.12.2022, von https://www.zdf.de/nachrichten/politik/windkraft-deutschland-energiewen de-grafik-100.html.
[156] Germanwatch (2022). Klimaschutz-Index 2023: Die wichtigsten Ergebnisse. Abgerufen am 12.12.2022, von https://www.germanwatch.org/ de/87632.
[157] ebd.
[158] Burck, Jan, Thea Uhlich, Christoph Bals, Niklas Höhne, Leonardo Nascimento, Monica Tavares, Elisabeth Strietzel (2022). *CCPI Climate Change Performance Index. Results. Monitoring Climate Mitigation Efforts of 59 Countries plus the EU – covering 92% of the Global Greenhouse Gas Emissions*. Abgerufen am 15.12.2022, von https://ccpi.org/wp-content/uploads/CCPI-2023-Results-3.pdf.
[159] ebd., S. 7.
[160] Statista (2022). So viel Kohlekraft installiert China jährlich neu. Abgerufen am 15.12.2022, von https://de.statista.com/infografik/23441/leistung-der-neu-installierten-und-ausser-be trieb-genommenen-kohlekraftwerke-in-china/.
[161] National Oceanic and Atmospheric Administration – NOAA (2022). Carbon dioxide now more than 50% higher than pre-industrial levels. Abgerufen am 21.12.2022, von https://www.noaa.gov/news-release/carbon-dioxide-now-more-than-50-higher-than-pre-industrial-levels.
[162] Siehe auch: Capital (2022). Russland fackelt sein Gas ab – für 13 Mio. Euro täglich. Abgerufen am 22.03.2023, von https://www.capital.de/wirtschaft-politik/russland-fackelt-sein-gas-ab---fuer-13-mio--euro-taeglich-32675318.html.
[163] Siehe auch: Wikipedia (2022). Anschlag auf die Nord-Stream-Pipelines. Abgerufen am 18.12.2022, von https://de.wikipedia.org/wiki/Anschlag _auf _die_Nord-Stream-Pipeli nes.
[164] Handelsblatt (2022). Nord-Stream-Lecks: Forscher befürchten Schäden für Klima und Meer. Abgerufen am 18.12.2022, von https://www.han delsblatt.com/politik/international/pipe line-sabotage-nord-stream-lecks-forscher-befuerchten-schaeden-fuer-klima-und-meer/2 8720034.html.
[165] Wikipedia (2023). Zerstörung des Kachowka-Staudamms. Abgerufen am 22.06.2023, von https://de.wikipedia.org/wiki/Zerstörung_des_Kachowka-Staudamms.
[166] Siehe auch: Mittelstaedt, Werner (1988). *Wachstumswende. Chance für die Zukunft*. München: Wirtschaftsverlag Langen-Müller/Herbig.
[167] Naisbitt, John (1986). Megatrends. 10 Perspektiven, die unser Leben verändern werden. München: Wilhelm Heyne Verlag. (Erstmals 1982 in den USA erschienen.)
[168] Z_punkt GmbH. The Foresight Company (2017). Megatrends update. Köln: Z_punkt GmbH. The Foresight Company, Schanzenstr. 22, D-51063 Köln.
[169] Mittelstaedt, Werner (2020). *Anthropozän und Nachhaltigkeit. Denkanstöße zur Klimakrise und für ein zukunftsfähiges Handeln*. Berlin et al.: Peter Lang.

[170] Ågerup, Martin (2000). Von Szenarien zu Wild Cards. – Das Kopenhagener Institut für Zukunftsforschung. In: Zukunftsforschung in Europa. Ergebnisse und Perspektiven. Hg.: Steinmüller, Karlheinz, Rolf Kreibich und Christoph Zöpel. Baden-Baden: Nomos Verlagsgesellschaft.

[171] Steffen W., Broadgate, L. Deutsch et al. »The Trajectory of the Anthropocene: The Great Acceleration«. In: The Anthropocene Review, 2015, 2. Jg., Nr. 1, S. 81-98.

[172] GLOBAÏA (2023). Stockholm Resilience Centre. The Great Acceleration. Abgerufen am 08.02.2023, von https://globaia.org/great-acceleration.

[173] Wulf, Andrea (2016). *Alexander von Humboldt und die Erfindung der Natur*. München: C. Bertelsmann Verlag.

[174] Weizsäcker, Ernst Ulrich von (2022). *So reicht das nicht! Außenpolitik, neue Ökonomie, neue Aufklärung – Was wir in der Klimakrise jetzt wirklich brauchen*. Paderborn: Bonifatius.

[175] Siehe auch: Mittelstaedt, Werner (2008). *Das Prinzip Fortschritt. Ein neues Verständnis für die Herausforderungen unserer Zeit*. Frankfurt/Main et al.: Peter Lang.

[176] Fromm, Erich (1976). *Haben oder Sein. Die seelischen Grundlagen einer neuen Gesellschaft*. Stuttgart: Deutsche Verlags-Anstalt GmbH, S. 12-22.

[177] Mittelstaedt, Werner (2022). Vortrag: Trends und Auswirkungen der globalen und nationalen Armutsentwicklung. Politisches und gesellschaftliches Versagen und Aspekte zur Armutsreduzierung. Gehalten in Hermannsburg in der HeimVolkshochschule der ev.-luth. Landeskirche Hannovers am 12. April 2010. Abgerufen am 13.03.2023, von https:// www.werner-mittelstaedt.com/files/mittelstaedt/pdf/VO120410.pdf.

[178] Der Paritätische Gesamtverband (2023). Armutsbericht 2022 (aktualisiert). Abgerufen am 13.03.2023, von https://www.der-paritaetische.de/themen/sozial-und-europapolitik/armut-und-grundsicherung/armutsbericht-2022-aktualisiert/.

[179] Böhme, Gernot und Rebecca Böhme (2021). *Über das Unbehagen im Wohlstand*. Berlin: Suhrkamp Verlag.

[180] Statistisches Bundesamt (2023). Entwicklungsprogramm der Vereinten Nationen (UNDP). Abgerufen am 02.03.2023, von https://www.destatis.de/DE/Themen/Laender-Regionen/Internationales/Datenquellen/14_00_UNDP.html.

[181] Siehe auch: Statistisches Bundesamt (2023). Bruttoinlandsprodukt (BIP). Abgerufen am 06.03.2023, von https://www.destatis.de/DE/Themen/ Wirtschaft/Volkswirtschaftliche-Gesamtrechnungen-Inlandsprodukt/ Methoden/bip.html.

[182] Siehe auch: Bundeszentrale für politische Bildung (2023). Bruttosozialprodukt. BSP, Bruttonationaleinkommen, (BNE). Abgerufen am 06.03.2023, von https://www.bpb.de/kurzknapp/lexika/lexikon-der-wirtschaft/18946/bruttosozialprodukt/.

[183] Lateinamerika-Institut der Freien Universität Berlin (2023). VWL Basiswissen für Nicht-Ökonom_innen. Human Development Index (HDI). Abgerufen am 06.03.2023, von https://www.lai.fu-berlin.de/e-learning/projekte/vwl_basiswissen/Umverteilung/ Human_Development_Index__HDI_/index.html.

[184] RedaktionsNetzwerk Deutschland (2022). Enttäuschender UN-Bericht. In 90 Prozent der Länder weltweit geht menschliche Entwicklung zurück. Abgerufen am 01.03.2023, von https://www.rnd.de/panorama/human-development-index-der-vereinten-nationen-lebensqualitaet-geht-welt weit-zurueck.

[185] UNDP Human Development Reports (2023). Human Development Insights. Abgerufen am 01.03.2023, von https://hdr.undp.org/data-center/country-insights#/ranks.

[186] Handelsblatt (2023). Die Klimakrise könnte Deutschland 900 Milliarden Euro kosten. Abgerufen am 07.03.2023, von https://www.handels blatt.com/politik/deutschland/klimawandel-die-klimakrise-koennte-deutschland-900-milliarden-euro-kosten/29015520.html.

[187] Bundeszentrale für politische Bildung (2023). Lebensstandard. Abgerufen am 19.03.2023, von https://www.bpb.de/kurz-knapp/lexika/lexikon-der-wirtschaft/20037/lebensstandard.
[188] Allgemeine Erklärung der Menschenrechte. Verkündet von der Generalversammlung der Vereinten Nationen am 10. Dezember 1948. Hg. und mit dreißig Radierungen von Christoph Meckel. Insel-Bücherei Nr. 1114. Frankfurt/Main: Insel Verlag, 1983, S. 60.
[189] Welthungerhilfe (2022). Welthunger-Index: Aus Hungerkrisen werden Katastrophen. Welthungerhilfe stellt Welthunger-Index 2022 vor. Fortschritte bei der Hungerbekämpfung werden zunichtegemacht. Abgerufen am 26.03.2023, von https://www.welthungerhilfe.de/presse/pressemitteilungen/welthunger-index-2022.
[190] Welthungerhilfe (2022). Welthunger-Index. Abgerufen am 26.03.2023, von https://www.welthungerhilfe.de/hunger/welthunger-index.
[191] Siehe auch: Riva, Miguel de la. »CO_2-Ausstoß so ungleich wie Vermögen verteilt.« In: Frankfurter Allgemeine Zeitung, 10. Oktober 2022, S. 17.
[192] Siehe auch: Statista (2022). Der riesige CO_2-Fußabdruck der Reichen. Abgerufen am 20.03.2023, von https://de.statista.com/infografik/26885/anteil-der-einkommensschichten-an-den-globalen-co2-emissionen/.
[193] ebd.
[194] ebd.
[195] ebd.
[196] ebd.
[197] ebd.
[198] ebd.
[199] ebd.
[200] Siehe auch: Greenpeace (2017). Unser CO_2-Fußabdruck. Abgerufen am 26.03.2023, von https://www.greenpeace.de/ueber-uns/leitbild/unser-co2-fussabdruck.
[201] ebd.
[202] Siehe auch: Statista (2022). Der riesige CO_2-Fußabdruck der Reichen. Abgerufen am 20.03.2023, von https://de.statista.com/infografik/26885/anteil-der-einkommensschichten-an-den-globalen-co2-emissionen/.
[203] Siehe auch: apomio.de (2022). Süchtig nach dem Kick: Wie Suchtmittel das Belohnungssystem austricksen. Abgerufen am 26.03.2023, von https://www.apomio.de/blog/artikel/suechtig-nach-dem-kick-wie-suchtmittel-das-belohnungssystem-austricksen.
[204] Riva, Miguel de la. »CO_2-Ausstoß so ungleich wie Vermögen verteilt.« In: Frankfurter Allgemeine Zeitung, 10. Oktober 2022, S. 17.
[205] Zeit Online (2022). Junge Menschen blicken sorgenvoll in die Zukunft. Abgerufen am 28.03.2023, von https://www.zeit.de/news/2022-04/05/junge-menschen-blicken-sorgenvoll-in-die-zukunft.
[206] Siehe auch: Bundeszentrale für politische Bildung (2022). Autokratische Regime auf dem Vormarsch? Abgerufen am 27.03.2023, von https://www.bpb.de/kurz-knapp/taegliche-dosis-politik/ 506020/autokratische-regime-auf-dem-vormarsch/.
[207] Siehe auch: Deutschlandfunk (2022). Klimaschutz-Index 2023. Abgerufen am 27.03.2023, von https://www.deutschlandfunk.de/klimaschutz-index-2023-klimaschutz-deutschland-china-usa-emissionen-erneuerbare-energien-100.html.
[208] Siehe auch: Bundeszentrale für politische Bildung (2022). Autokratische Regime auf dem Vormarsch? Abgerufen am 27.03.2023, von https://www.bpb.de/kurz-knapp/taegliche-dosis-politik/ 506020/autokratische-regime-auf-dem-vormarsch/.

[209] In meinen Büchern habe ich über die Notwendigkeit des Aufbaus eines nachhaltigen Fortschrittsmusters geschrieben und dafür Vorschläge ausgearbeitet, die auch durch eine neue, eine zweite Aufklärung realisiert werden könnten. Siehe auch: Mittelstaedt, Werner (2008). *Das Prinzip Fortschritt. Ein neues Verständnis für die Herausforderungen unserer Zeit.* Frankfurt/Main et al.: Peter Lang, S. 169-185.
[210] Siehe auch: Mittelstaedt, Werner (2020). *Anthropozän und Nachhaltigkeit. Denkanstöße zur Klimakrise und für ein zukunftsfähiges Handeln.* Berlin et al.: Peter Lang, S. 199-206.
[211] Weizsäcker, Ernst Ulrich von (1989). *Erdpolitik. Ökologische Realpolitik an der Schwelle zum Jahrhundert der Umwelt.* Darmstadt: Wissenschaftliche Buchgesellschaft.
[212] Weizsäcker, Ernst Ulrich von (2022). *So reicht das nicht! Außenpolitik, neue Ökonomie, neue Aufklärung – Was wir in der Klimakrise jetzt wirklich brauchen.* Paderborn: Bonifatius.
[213] Mittelstaedt, Werner (2008). *Das Prinzip Fortschritt. Ein neues Verständnis für die Herausforderungen unserer Zeit.* Frankfurt/Main et al.: Peter Lang, S. 169-185.
[214] Mittelstaedt, Werner (2020). *Anthropozän und Nachhaltigkeit. Denkanstöße zur Klimakrise und für ein zukunftsfähiges Handeln.* Berlin et al.: Peter Lang, S. 199-206.
[215] In einen anderen Kontext habe ich diese Gegenüberstellungen in meinem Buch »SMALL. *Warum weniger besser ist und was wir dazu wissen sollten*«, im Verlag Peter Lang, Frankfurt/Main et al. 2012 veröffentlicht. Sie wurde für dieses Buch völlig überarbeitet und aktualisiert.
[216] Vester, Frederic (2000). *Die Kunst, vernetzt zu denken. Ideen und Werkzeuge für einen neuen Umgang mit Komplexität.* Stuttgart: Deutsche Verlags-Anstalt, S. 101-103.
[217] ebd.
[218] Illich, Ivan (1983). *Genus. Zu einer historischen Kritik der Gleichheit.* Reinbek bei Hamburg: Rowohlt Verlag.
[219] Mittelstaedt, Werner (1997). *Der Chaos-Schock und die Zukunft der Menschheit.* Frankfurt/Main et al.: Peter Lang.
[220] Weizsäcker, Ernst Ulrich von et al. (2010). *Faktor Fünf. Die Formel für nachhaltiges Wachstum.* München: Droemer.
[221] Vester, Frederic (2000). *Die Kunst, vernetzt zu denken. Ideen und Werkzeuge für einen neuen Umgang mit Komplexität.* Stuttgart: Deutsche Verlags-Anstalt, S. 101-103.
[222] ebd.
[223] Siehe auch: Eberl, Ulrich (2011). *Wie wir schon heute die Zukunft erfinden.* Weinheim und Basel: Beltz & Gelberg.
[224] ebd., S. 161-163.
[225] Wilson, Edward O. (2002). *Die Zukunft des Lebens.* Berlin: Siedler Verlag, S. 194.
[226] Wilson, Edward O. (2016). *Die Hälfte der Erde. Ein Planet kämpft um sein Leben.* München: C.H. Beck.

Literaturnachweise

Ågerup, Martin (2000). *Von Szenarien zu Wild Cards. – Das Kopenhagener Institut für Zukunftsforschung.* In: Zukunftsforschung in Europa. Ergebnisse und Perspektiven. Hg. Steinmüller, Karlheinz, Rolf Kreibich und Christoph Zöpel. Baden-Baden: Nomos Verlagsgesellschaft.
Albrecht, Peter-Georg (2022). *Umweltpolitik ohne Durchsetzungsvermögen? Staatliches Handeln aus der Perspektive von Umweltengagierten.* Berlin et al.: Peter Lang.
Allgemeine Erklärung der Menschenrechte. Verkündet von der Generalversammlung der Vereinten Nationen am 10. Dezember 1948. Hg. und mit dreißig Radierungen von Christoph Meckel. Insel-Bücherei Nr. 1114. Frankfurt/Main: Insel Verlag, 1983.
Andersen, Hans Christian und Eve Tharlet [illustriert] (2020) [1837]. *Des Kaisers neue Kleider.* Zürich: NordSüd Verlag

Baum, Gerhard (2021). *Freiheit. Ein Appell.* München und Salzburg: Benevento Verlag.
Bloch, Ernst (1959). *Das Prinzip Hoffnung. (Teil I – V, Kap. 1 – 37).* Frankfurt/Main: Suhrkamp.
Bloch, Ernst (1959). *Das Prinzip Hoffnung. (Teil I – V, Kap. 38 – 55).* Frankfurt/Main: Suhrkamp.
Böhme, Gernot und Rebecca Böhme (2021). *Über das Unbehagen im Wohlstand.* Berlin: Suhrkamp Verlag.

Carson, Rachel (1962). *Der stumme Frühling.* München: Biederstein-Verlag.
Coelho, Paulo (2007). *Der Dämon und Fräulein Prym.* Zürich: Diogenes.
Crutzen, Paul J. und Eugene F. Stoermer (2000). »The ›Anthropocene‹«. In: Global Chance NewsLetter, May 2000, Stockholm: IGBP Secretariat, The Royal Swedish Academy of Sciences, Sweden, S. 17-18.
Crutzen, Paul J. (2002). »Geology of mankind – The Anthropocene« In: Nature 415, S. 23.
Crutzen, Paul J. (2011). »Die Geologie der Menschheit«. In: »Die Erde hat keinen Notausgang«, Berlin: Suhrkamp Verlag.

Di Cesare, Donatella (2020). *Von der politischen Berufung der Philosophie.* Berlin: Matthes & Seitz.
Diesenreiter, Cornelia (2021). *Nachhaltig. Gibt's nicht!* Wien und Graz: Molden Verlag.

Eberl, Ulrich (2011). *Wie wir schon heute die Zukunft erfinden.* Weinheim und Basel: Beltz & Gelberg.
Eppler, Erhard (1975). *Ende oder Wende. Von der Machbarkeit des Notwendigen.* Frankfurt/Main, Wien und Zürich: Büchergilde Gutenberg.

Fischer, Joschka (2022). *Zeitenbruch. Klimawandel und die Neuausrichtung der Weltpolitik.* Köln: Kiepenheuer & Witsch.
Fischer, Lars. »Taktische Atomwaffen bedrohen den Weltfrieden« In: Spektrum der Wissenschaft. Ausgabe 10/2022, S. 26-27. Heidelberg: Spektrum der Wissenschaft Verlagsgesellschaft mbH.
Fromm, Erich (1976). *Haben oder Sein. Die seelischen Grundlagen einer neuen Gesellschaft.* Stuttgart: Deutsche Verlags-Anstalt GmbH.

Gabriel, Markus (2020). *Fiktionen.* Berlin: Suhrkamp Verlag.
Glaubrecht, Matthias (2021). *Das Ende der Evolution. Der Mensch und die Vernichtung der Arten.* München: Pantheon-Verlag.

Hartmann, Kathrin (2018). *Die grüne Lüge. Weltrettung als profitables Geschäftsmodell.* München: Karl Blessing Verlag.
Hauff, Volker, Hg. (1987). *Unsere gemeinsame Zukunft. Der Brundtland-Bericht der Weltkommission für Umwelt und Entwicklung.* Greven: Eggenkamp.
Hawking, Stephen W. (1988). *Eine kurze Geschichte der Zeit.* Hamburg: Rowohlt.

Illich, Ivan (1978). *Fortschrittsmythen. Schöpferische Arbeitslosigkeit. Energie und Gerechtigkeit. Wider die Verschulung.* Reinbek bei Hamburg: Rowohlt Verlag.
Illich, Ivan (1983). *Genus. Zu einer historischen Kritik der Gleichheit.* Reinbek bei Hamburg: Rowohlt Verlag.

Jaspers, Karl (1958). *Die Atombombe und die Zukunft des Menschen.* München: Piper & Co Verlag.

Lasn, Kalle (2005). *Culture Jamming. Die Rückeroberung der Zeichen.* Frankfurt/Main: Büchergilde Gutenberg.
Latif, Mojib (2020). *Heisszeit. Mit Vollgas in die Klimakatastrophe – und wie wir auf die Bremse treten.* Freiburg im Breisgau: Herder.

Mander, Jerry und Edward Goldsmith, Hg. (2002). *Schwarzbuch Globalisierung. Eine fatale Entwicklung mit vielen Verlierern und wenigen Gewinnern.* Frankfurt/Main, Wien und Zürich: Büchergilde Gutenberg.
Mittelstaedt, Werner (1988). *Wachstumswende. Chance für die Zukunft.* München: Wirtschaftsverlag Langen-Müller/Herbig.
Mittelstaedt, Werner (1997). *Der Chaos-Schock und die Zukunft der Menschheit.* Frankfurt/Main et al.: Peter Lang.

Mittelstaedt, Werner (2004). *Kurskorrektur. Bausteine für die Zukunft.* Frankfurt/Main: Edition Büchergilde.
Mittelstaedt, Werner (2008). *Das Prinzip Fortschritt. Ein neues Verständnis für die Herausforderungen unserer Zeit.* Frankfurt/Main et al.: Peter Lang.
Mittelstaedt, Werner (2011). Das Prinzip Fortschritt als Strategie für die Herausforderungen des 21. Jahrhunderts. In: Wendezeit. Bausteine für einen anderen Fortschritt. Hg. GLOBart. Wien, New York: Springer, S. 16-28.
Mittelstaedt, Werner (2012). *SMALL. Warum weniger besser ist und was wir dazu wissen sollten.* Frankfurt/Main et al.: Peter Lang.
Mittelstaedt, Werner (2020). *Anthropozän und Nachhaltigkeit. Denkanstöße zur Klimakrise und für ein zukunftsfähiges Handeln.* Berlin et al.: Peter Lang.
Mittelstaedt, Werner (2021). »Wachstumswende – eine zwingende Notwendigkeit«. In: Transformation und Wachstum. Alternative Formen des Zusammenspiels von Wirtschaft und Gesellschaft. Hg. Harald Pechlaner, Daria Habicher und Elisa Innerhofer. Wiesbaden: Springer Gabler.

Naisbitt, John (1986). *Megatrends. 10 Perspektiven, die unser Leben verändern werden.* München: Wilhelm Heyne Verlag. (Erstmals 1982 in den USA erschienen.)

Reckwitz, Andreas (2019). *Das Ende der Illusionen. Politik, Ökonomie und Kultur in der Spätmoderne.* Berlin: Suhrkamp.
Riva, Miguel de la. »CO2-Ausstoß so ungleich wie Vermögen verteilt.« In: Frankfurter Allgemeine Zeitung, 10. Oktober 2022, S. 17.

Schellnhuber, Hans Joachim (2015). *Selbstverbrennung. Die fatale Dreiecksbeziehung zwischen Klima, Mensch und Kohlenstoff.* Gütersloh: C. Bertelsmann Verlag.
Schmitz, Jeanette und Gasometer Oberhausen GmbH, Hg. (2021). *Das zerbrechliche Paradies.* Essen: Klartext Verlag.
Schneidewind, Uwe (2018). *Die Große Transformation. Eine Einführung in die Kunst gesellschaftlichen Wandels.* Frankfurt/Main: Fischer Taschenbuch.
Schulze, Gerhard (2003). *Die beste aller Welten. Wohin bewegt sich die Gesellschaft im 21. Jahrhundert.* München: Carl Hanser Verlag.
Serres, Michel (1994). *Der Naturvertrag.* Frankfurt/Main: Suhrkamp.
Shawn, Wallace (1992). *Das Fieber. Monolog.* Reinbek bei Hamburg: Rowohlt Verlag.
Sloterdijk, Peter (2023). Die Reue des Prometheus. Von der Gabe des Feuers zur globalen Brandstiftung. Berlin: Suhrkamp.
Steffen W., W. Broadgate, L. Deutsch et al. »The Trajectory of the Anthropocene: The Great Acceleration«. In: The Anthropocene Review, 2015, 2. Jg., Nr. 1, S. 81-98.

Tobisch, Lotte (2019). *Auf den Punkt gebracht. Ansichten einer Lady. Aufgezeichnet von Michael Fritthum*. Wien: Amalthea Signum.

Umweltbundesamt Texte 14/2023 (2023). *Abschlussbericht. Flüssiger Verkehr für Klimaschutz und Luftreinhaltung*. Dessau-Roßlau: Umweltbundesamt.

Vester, Frederic (2000). *Die Kunst, vernetzt zu denken. Ideen und Werkzeuge für einen neuen Umgang mit Komplexität*. Stuttgart: Deutsche Verlags-Anstalt.

Weizsäcker, Ernst Ulrich von (1989*). Erdpolitik. Ökologische Realpolitik an der Schwelle zum Jahrhundert der Umwelt*. Darmstadt: Wissenschaftliche Buchgesellschaft.

Weizsäcker, Ernst Ulrich von et al. (2010). *Faktor Fünf. Die Formel für nachhaltiges Wachstum*. München: Droemer.

Weizsäcker, Ernst Ulrich von, Anders Wijkman et al. (2019). *Wir sind dran! Was wir ändern müssen, wenn wir bleiben wollen*. Gütersloh: Gütersloher Verlagshaus.

Weizsäcker, Ernst Ulrich von (2022). *So reicht das nicht! Außenpolitik, neue Ökonomie, neue Aufklärung – Was wir in der Klimakrise jetzt wirklich brauchen*. Paderborn: Bonifatius.

Wilson, Edward O. (2002). *Die Zukunft des Lebens*. Berlin: Siedler Verlag.

Wilson, Edward O. (2016). *Die Hälfte der Erde. Ein Planet kämpft um sein Leben*. München: C.H. Beck.

Wulf, Andrea (2016). *Alexander von Humboldt und die Erfindung der Natur*. München: C. Bertelsmann Verlag.

Z_punkt GmbH. The Foresight Company (2017). Megatrends update. Köln: Z_punkt GmbH. The Foresight Company, Schanzenstr. 22, D-51063 Köln.

Personen- und Sachregister

Afrika 42, 47, 76, 99, 127
Ågerup, Martin 116
Agora Energiewende 102
Agrarsubventionen 154
Ägypten 22
Ahrtal 36-37
Ahrweiler 37
Aktiengesellschaften 143
Albrecht, Peter-Georg 105
Altmeier, Peter 103
Ambivalenz 13, 15, 18-19, 24, 26-28, 33-34, 46
Angriffskrieg 27, 33, 83-85, 91, 93, 96, 99, 111, 118, 128, 157
Antarktis 130
Anthropozän 28, 49-50, 62, 74, 80, 116, 135, 137-138
Arbeitszeit 142
Arbeitszeitverkürzung 142
Arktis 39, 46, 97
Arsanios, Marwa 78
Artensterben 64-67
Asien 50, 76, 89
Atomkraftwerke 87, 101, 103, 117
Atomkrieg 83, 86-87, 90
Atomsprengköpfe 87
Atomwaffen 83-92
Atomwaffenverbotsvertrag 90
Aufforstung 39, 148
Aufstiegs-Narrativ, neues 134-135
Australien 93, 99, 108, 130
Autobahn 26-27, 69, 96, 107

Backfire-Effekt 53
Bals, Christoph 23
Bangladesch 110, 127
Baum, Gerhard 49
Belohnungssysteme 155
Bevölkerungswachstum 116, 153
Biden, Joe 109
Bildungswesen 68, 134, 155
Biodiversität 51, 65, 67-68, 70-71, 116, 120
Biodiversität jenseits nationaler Gesetzgebung (BBNJ) 71
Biokapazität 73, 116, 120

Bio-LNG 95
Biomasse 99
Biosphäre 16-17, 19, 38, 58, 69, 73, 75-76, 119, 121, 129, 135, 139
Bloch, Ernst 31-32
Boden, Sascha 94
Bodendegradation 116, 119
Böhme, Gernot 123
Böhme, Rebecca 123
Brasilien 81, 125, 128
Braunkohlekraftwerke 101-102
Brundtland-Bericht 16
Bruttoinlandsprodukt (BIP) 75, 91-92, 123
Bruttonationaleinkommen (BNE) 123, 125
Bühler, Katja 40
Bund für Umwelt und Naturschutz Deutschland e.V. (BUND) 100, 121
Bundesministerium für Wirtschaft und Klimaschutz 24
Bundeswehr 47, 91-92
Bündnis 90/Die Grünen 91-92, 101
Business-as-usual-Pfad 73

CAN International 106
Carson, Rachel 29
Carstens, Peter 94
CBRN-Waffen 88, 116, 120
Chancel, Lucas 131
China 20-22, 24, 48, 51, 65, 72, 90, 108-110, 113, 125, 128
Climate Change Performance Index (CCPI) 106-108
Club of Rome 21, 29, 31, 33, 76
CO_2-Budget 38, 45, 111
CO_2-Emissionen 20, 39, 41-43, 111, 119-120, 128-130
CO_2-Uhr 44-45
Coelho, Paulo 15
Convention on Biological Diversity (CBD) 65-67, 151, 156
Corona-Delle 42
Coronavirus-Pandemie (Covid-19) 33, 42, 118
Creischer, Alice 78

D'Souza, Radha 78
Dematerialisierung 147
Deutsche Energie-Agentur (DENA) 95
Deutsche Umwelthilfe (DUH) 94
Dezentralisierung 144
Di Cesare, Donatella 27
Diesenreiter, Cornelia 30, 53
Digitale Infrastruktur 62
Dinosaurier 63
Düngemittel 66, 94, 154

Effizienzsteigerungen 53, 143
Elektrolyse 99-100
Emissions Gap Report 21
Emscher 81
Energiepolitik 93, 107
Energiequellen, regenerative 103, 120, 146-147
Energiewende 99-105
Eppler, Erhard 60
Erdatmosphäre 16, 38, 69, 75-76
Erderwärmung 13, 15-17, 19-23, 25, 27, 33, 35, 38, 41, 44-45, 73-74, 108-112, 115, 118, 121, 126, 129-130, 136
Erdgas 20, 27, 93-96, 101-102, 111-112, 144
Erdöl 20, 25, 27, 93-94, 144
Erdsystem 33, 50, 113, 118
Erdsystembezogene Entwicklungstrends 118-119
Europa 27, 36, 47, 57, 73, 84, 90, 93, 96-97, 130, 132
Europäische Union (EU) 23-24, 62, 67, 72, 91, 93, 106-108, 113
Extinction Rebellion 119, 121
Extremwetterereignisse 24, 42, 129

Fernsehwerbung 79-80
Ferntourismus 147-148
Fischer, Joschka 82, 92-93
Fischerei 71
Flächenverbrauch 116, 120, 150
Flächenversiegelung 68, 148
Flugreisen 53, 69, 81, 130, 148
Flutkatastrophe 35-36, 42
Fortschrittsmuster 33, 50, 62, 76, 79, 97, 113, 122
Fortschritts-Narrativ, neues 135, 138

Fracking 93
Frankreich 86, 89-90, 108, 125
Fraunhofer-Institut für System- und Innovationsforschung 94
Fremdbestimmung 140, 142, 145
Fridays for Future 29, 119, 121
Fromm, Erich 122
Fukushima 117

Gabriel, Markus 49
Gas-Krise 57
Gasometer Oberhausen 81
Genossenschaften 143-144
Geplante Obsoleszenz 145
Germanwatch 23, 41-42, 106, 134
Glaubrecht, Matthias 63
Global Biodiversity Framework Fund 67
Global Environment Facility 67
Globalisierung 27, 50
Goldsmith, Edward 63
Große Beschleunigung 119
Große Transformation 18, 120
Grüner Wasserstoff 99-100

Handel (fairer) 150
Handlungsdruck 71, 134
Handlungsmuster 13, 18, 34, 58-59, 62, 76, 113, 118, 137-138
Hawking, Stephen W. 15
Heraklit 81
Hiroshima 85
Homo sapiens 13, 15, 28, 32, 74
Human Development Index (HDI) 123-126
Humboldt, Alexander von 119
Hunger 118, 127-128, 154

ICAN 87, 90
ICCT 95
Illich, Ivan 52, 140
Indien 20-22, 48, 51, 86, 90, 108-110, 125, 128
Indigene Völker 66, 75
Internationale Energie-Agentur (IEA) 43
Invasive Arten 67
IPCC 27, 38, 40-42, 44, 46
IPCC-Sachstandsbericht 38, 40
IPCC-Syntheseberichet 27
IPPNW 90

Jackson, Rob 112
Janson, Matthias 109
Japan 108, 117, 132
Jaspers, Karl 83

Kapitalismus 31, 51, 62, 73, 77-79, 113, 121-122, 131, 133, 141
Klimadokumentation 37
Klimahilfen 20, 24
Klimakatastrophe 21, 30, 35, 38, 77, 108
Klimakonferenzen 19-20, 22, 65, 108, 110, 118
Klimakrise 13, 15, 19, 22, 26-27, 29, 32-35, 42, 48, 51, 57, 63-64, 68, 77, 94, 96, 116-117, 120, 135, 137, 145, 157
Klimaneutralität 39-40, 62, 99-100, 104, 129
Klimaschutz 13, 21, 24, 26-28, 32-33, 41, 45-49, 51, 54, 66-68, 70-71, 94, 96, 99, 106, 110-111, 113, 118, 121, 126, 128, 132-135
Klimaschutzgesetz 26-27
Klimaschutzmaßnahmen 48, 68-73, 99, 110, 113, 128, 138-156
Klimaschutzziele 46, 96
Klimasystem 38-39
Klimawandel 19-20, 23-24, 29, 32, 37, 39-40, 42-43, 49, 64, 92, 97, 108, 110, 116, 119-121, 125-128, 133
Klimawandelfolgen 24
Klimazustandsbericht Europa 97
Kohle 20, 23, 25, 27, 93, 102, 104, 107, 109, 144
Kollaps 15, 28, 118, 137
Konsummuster 51-53, 57, 110
Konversion 155
Kreislaufwirtschaft 75, 82, 145
Kreuzfahrtschiffe 69
Krisen, multiple 118, 157
Kunststoffe 94
Künzel, Vera 42

Landerneuerungsprogramme 151
Lasn, Kalle 79
Lateinamerika-Institut der Freien Universität 123
Latif, Mojib 21
Lebensmittelproduktion 153

Lebensqualität 73, 75, 96, 121-123, 125, 127, 130, 132, 141, 147
Lebensstandard 28, 109, 121-123, 125, 127-128, 132, 147, 153
Lebensstil 51, 57, 77, 82, 128, 130-131
Lebenswirklichkeiten 16, 26, 32, 33
Lemke, Steffi 72
Letzte Generation 119, 121
LNG 22, 93-96, 101-102, 107, 113
Loss and Damage 20, 23
Luxussteuer 69

Marhöfer, Elke 78
Massenaussterben 34, 47, 51, 63-65, 67, 115-116, 119, 137, 157
Massenkonsum 47, 59, 142, 147
McNutt, Marcia 112
Meeresschutz 151
Megakrise 73-74, 118
Megatrends, zukunftsgefährdende 33, 115-121
Mercator Research Institute (MCC) 44
Methan 19, 95, 112, 118
Mihatsch, Christian 20
Militär 47
Militärausgaben 48, 116, 120
Mitbestimmung 140, 145
Mittelschicht (Mittelklasse) 50-51, 55-58, 76, 79, 109, 128-131
Mobilitätskonzepte 152
Monokulturen 148
Montreal Protokoll 72
Mottschall, Moritz 95

Nachhaltige Entwicklung 15, 28, 32, 47, 76, 81, 120
Nachhaltigkeit 13, 16-17, 25, 28-33, 47-51, 53, 56, 58, 60, 62, 68, 74-77, 81, 97, 101, 113-114, 116-118, 132-135, 137-138, 152, 155
Nach-mir-die-Sintflut-Mentalität 25, 58, 131, 139
Nagasaki 85
Naisbitt, John 115
National Oceanic and Atmospheric Administration (NOAA) 111
NATO 84-85, 87-88, 91-92

Naturschutzbund Deutschland (NABU) 70-71
Naturschutzgebiete 155
Naturschutzgebietssystem 155-156
Nettostromverbrauch Deutschland 104
Neuneck, Götz 86-87
NewClimate Institute 106
New-Start-Vertrag 88
Nord-Stream-Pipelines 111-112
Notz, Dirk 35
Nukleare Sprengköpfe 85-86

Oberschicht 79, 128-130
Offshore-Windanlagen (Ausbauziele) 103
Ökobilanzen 146
Öko-Institut 95
Otto, Frederike 41

Pakistan 86, 110, 125, 127
Pariser Klimaabkommen 19, 21-22, 38, 40, 43, 46, 66, 74, 96-97, 108
Paritätischer Armutsbericht 122-123
Permafrost 39
Personennah- und -Fernverkehr (ÖPNV) 69, 96, 120
Photovoltaik 99, 103, 109
Pipeline-Gas 93, 99, 101-102, 104, 112
Plastik 69
Plastikmüll 47
Polanyi, Karl 17
Putin, Wladimir Wladimirowitsch 83-85, 92

Qualitätsbewusstsein 138

Rach, Annika 20
Rebound-Effekt 52-53
Reckwitz, Andreas 49, 55
Recycling 150
Regenwälder 47, 148
Regionalwährungen 144
Ressourcen 16, 29, 47, 52-53, 56, 75, 82, 92, 116, 119, 131, 135, 146, 150
Rio-Konferenz 17, 133
Riva, Miguel de la 131
Russland 22, 27, 33, 47-48, 72, 83-86, 88-94, 96, 99, 101, 105, 108, 111-112, 117-118, 125, 128, 132, 157

Rüstungsexporte 89
Rüstungskontrolle 88-89
Ryfisch, David 23-24

Sachs, Jeffrey 76
Sankt-Florian-Prinzip 26
Sanktionen 155
Saporischschja 84, 87
Saudi-Arabien 89, 99
Schellnhuber, Hans Joachim 43
Schlepütz, Birgit 77
Schmitz, Jeanette 81
Schneidewind, Uwe 18
Scholz, Olaf 22, 85, 91-92
Scripps Institution of Oceanography 111
Seidensticker, Till 72
Selbstbestimmung 142
Selbstverteidigungsrecht 84
Serres, Michel 61
Service Class 56
Shadis, Lerato 78
Shawn, Wallace 59
Siekmann, Andreas 78
SIPRI 48, 89
Sloterdijk, Peter 31
Sofortmaßnahmen gegen die Klimakrise 68-72
Solarenergie 99, 147
Solarthermie 99
Sondervermögen 91
Sozioökonomische Entwicklungstrends 118
Staal, Jonas 78
Staudämme 118
Staude, Jörg 20, 40
Steigerungsdenken 28, 138
Steiner, Achim 124
Strukturkonservativ 60-61
Subsidiaritätsprinzip 141
Subventionen 20, 66, 70, 107, 144, 154
Südafrika 128, 130
Suffizienzprinzip 143
Suhr, Frauke 89
Super-GAU 117
Sustainable Development 17
Sustainable Development Goals (SDGs) 28, 75

Taalas, Petteri 46
Tauschhandel 144
Technikfolgenabschätzung 146
Tempolimit 26-27, 69, 107
Thunberg, Greta 29
Tobisch, Lotte 15
Tourismus 118, 147-148
Transformation 13, 15-18, 25, 27, 31-34, 40, 43, 47, 49-50, 54, 68, 74-75, 96, 99, 115, 117-120, 133-134, 137-138
Transformationsbilder 34, 96, 137-156
Trapp, Magdalene 70
Treibhausgase (Treibhausgasemissionen) 19, 22-23, 26, 39-41, 43-47, 95, 97, 104, 106-108, 110, 112, 131
Tschernobyl 84, 117

Ukraine 27, 34, 47, 83-85, 88, 91-93, 96, 99, 111-113, 117-118, 128, 133, 157
Umbach, Frank 106
Umweltbundesamt (UBA) 26, 53, 95

Vereinte Nationen (UN) 19-20, 22, 71, 75-76, 84, 110, 123
Verschwendung 67, 92, 138
Verursacherprinzip 146
Vester, Frederic 149
Vorsorgeprinzip 145

Wachstum, qualitatives 17, 75, 138
Wachstum, quantitatives 73, 75-76, 80, 82, 113, 121, 133, 138
Wachstumsdilemma 73-74, 82
Waffen 83-92, 116, 120
Waffenexporte 89-90
Waffenexporteure 89-90
Waffenlieferungen 84, 89
Wald 17, 35-36, 81, 119
Wärmepumpen 96, 104
Wasserkraft 99
Wasserstoff 96, 99-101, 104, 113
Wegwerfmentalität 150
Weidenbach, Bernhard 79
Weishaupt, Marina 72
Weizsäcker, Ernst Ulrich von 9, 11, 120, 135, 143, 157
Weltbevölkerung 31, 42, 118, 128, 130, 134
Welthunger 127-128
Welthungerhilfe 127

Weltklimakonferenzen (COP) 19-23, 65, 108, 110
Weltklimarat (IPCC) 27, 38, 41-42, 44, 46
Weltmeere 69, 71-72
Weltnaturabkommen, 65-68, 70-71, 120, 151, 156
Weltnaturkonferenz (CBD) 65-67, 70, 151, 156
Weltorganisation für Meteorologie (WMO) 45-46, 97
Wertkonservativ 60-61
Wertorientierungen 13, 34, 58-59, 62, 74, 76, 91, 118, 137-138
Wetterextreme 20, 41, 126
Wild Cards 113, 116-117
Wille, Joachim 20-21
Wilson, Edward O. 156
Windkraft 99, 103, 105-106, 109
Wirkungsgrade 100
Wirtschaftswunder 132
World Inequality Lab 131
World Wide Fund For Nature (WWF) 121

Zeitenwende 85
Zivilisationsbruch 85
Zukunftsbilder 34, 96, 137-156